Conrad Weber

Foamyvirus-Adenovirus-Hybridvektoren

Conrad Weber

Foamyvirus-Adenovirus-Hybridvektoren

Charakterisierung eines viralen Hybridvektorsystems zur Gentherapie bei der Rheumatoiden Arthritis

Südwestdeutscher Verlag für Hochschulschriften

Impressum/Imprint (nur für Deutschland/only for Germany)
Bibliografische Information der Deutschen Nationalbibliothek: Die Deutsche Nationalbibliothek verzeichnet diese Publikation in der Deutschen Nationalbibliografie; detaillierte bibliografische Daten sind im Internet über http://dnb.d-nb.de abrufbar.

Alle in diesem Buch genannten Marken und Produktnamen unterliegen warenzeichen-, marken- oder patentrechtlichem Schutz bzw. sind Warenzeichen oder eingetragene Warenzeichen der jeweiligen Inhaber. Die Wiedergabe von Marken, Produktnamen, Gebrauchsnamen, Handelsnamen, Warenbezeichnungen u.s.w. in diesem Werk berechtigt auch ohne besondere Kennzeichnung nicht zu der Annahme, dass solche Namen im Sinne der Warenzeichen- und Markenschutzgesetzgebung als frei zu betrachten wären und daher von jedermann benutzt werden dürften.

Coverbild: www.ingimage.com

Verlag: Südwestdeutscher Verlag für Hochschulschriften GmbH & Co. KG
Heinrich-Böcking-Str. 6-8, 66121 Saarbrücken, Deutschland
Telefon +49 681 37 20 271-1, Telefax +49 681 37 20 271-0
Email: info@svh-verlag.de

Zugl.: Würzburg, Julius-Maximilians-Universität, Diss., 2012

Herstellung in Deutschland (siehe letzte Seite)
ISBN: 978-3-8381-3337-9

Imprint (only for USA, GB)
Bibliographic information published by the Deutsche Nationalbibliothek: The Deutsche Nationalbibliothek lists this publication in the Deutsche Nationalbibliografie; detailed bibliographic data are available in the Internet at http://dnb.d-nb.de.

Any brand names and product names mentioned in this book are subject to trademark, brand or patent protection and are trademarks or registered trademarks of their respective holders. The use of brand names, product names, common names, trade names, product descriptions etc. even without a particular marking in this works is in no way to be construed to mean that such names may be regarded as unrestricted in respect of trademark and brand protection legislation and could thus be used by anyone.

Cover image: www.ingimage.com

Publisher: Südwestdeutscher Verlag für Hochschulschriften GmbH & Co. KG
Heinrich-Böcking-Str. 6-8, 66121 Saarbrücken, Germany
Phone +49 681 37 20 271-1, Fax +49 681 37 20 271-0
Email: info@svh-verlag.de

Printed in the U.S.A.
Printed in the U.K. by (see last page)
ISBN: 978-3-8381-3337-9

Copyright © 2012 by the author and Südwestdeutscher Verlag für Hochschulschriften GmbH & Co. KG and licensors
All rights reserved. Saarbrücken 2012

Inhaltsverzeichnis

1. Einleitung

1.1 **Gentherapie** 1

1.2 **Retroviren** 4

    1.2.1 Foamyviren 6

    1.2.2 Morphologie der Foamyviren 8

    1.2.3 Genomorganisation und Genexpression bei Foamyviren 9

    1.2.4 Replikation der Foamyviren 11

    1.2.5 Foamyvirale Vektoren für die Gentherapie 13

1.3 **Adenoviren** 15

    1.3.1 Morphologie und Genom der Adenoviren 15

    1.3.2 Replikation der Adenoviren 17

    1.3.3 Adenovirale Vektoren für die Gentherapie 19

        1.3.3.1 Adenovirale Vektoren der ersten und zweiten Generation und onkolytische Adenoviren 19

        1.3.3.2 Adenovirale Vektoren der dritten Generation (HC-AdV) 21

        1.3.3.3 Adenovirus-Hybridvektoren 23

1.4 **Rheumatoide Arthritis** 24

    1.4.1 Pathophysiologie und Bedeutung von Interleukin-1 24

    1.4.2 Blockade von IL-1 durch IL-1Ra und somatische Gentherapiestudien ... 27

1.5 **Gegenstand und Zielstellung der vorliegenden Arbeit** 31

    1.5.1 Konstruktion Tetracyclin-regulierbarer Foamyvirus-Adenovirus-Hybridvektoren (FAD) für die Expression des Interleukin-1 Rezeptorantagonisten ... 31

    1.5.2 Postulierter Transduktionszyklus der FAD-Vektoren 32

2. Material

2.1	Zelllinien	34
2.2	Bakterienstämme	34
2.3	Plasmide	34
2.4	Enzyme, Nukleinsäuren und Längenstandards	35
2.5	Sonstige Reagenzien	36
2.6	Medien	36
2.7	Antibiotika	36
2.8	Antikörper und Antiseren	37
2.9	Kitsysteme	37
2.10	Chemikalien	38
2.11	Geräte	39
2.12	Verbrauchsmaterialien	41
2.13	Computersoftware und Internetseiten	42
2.14	Synthetische Oligonukleotide	43

3. Methoden

3.1	Molekularbiologische Methoden	46
3.1.1	Isolierung von Plasmid-DNA	46
3.1.1.1	Nährmedien und Anzucht von Bakterien	46
3.1.1.2	Herstellung chemisch kompetenter Bakterien mittels $CaCl_2$ für die Transformation	46
3.1.1.3	Transformation kompetenter Bakterien mit Plasmid-DNA	47
3.1.1.4	Anlegen von Bakterien-Glycerol-Stammkulturen	47
3.1.1.5	Plasmid-DNA Mini-Präparation	48
3.1.1.6	Plasmid-DNA Maxi-Präparation	48
3.1.1.7	Photospektrometrische Konzentrationsbestimmung von Nukleinsäuren	49
3.1.2	Klonierung von DNA	49
3.1.2.1	Spaltungen von DNA mit Restriktionsendonukleasen	49
3.1.2.2	Dephosphorylierung von DNA mit alkalischer Phosphatase (CIAP)	50
3.1.2.3	Reinigung und Fällung von DNA mittels Phenol-Chloroform-Extraktion und anschließender Ethanolpräzipitation	50
3.1.2.4	Ligation von DNA-Fragmenten	51

3.1.2.5	Hybridisierung synthetischer Oligonukleotide für die Kassettenmutagenese	51
3.1.3	Elektrophoretische Auftrennung von DNA in Agarosegelen	52
3.1.3.1	Extraktion und Reinigung von DNA aus Agarosegelen	53
3.1.4	Amplifikation von definierten DNA-Abschnitten mit der Polymerase-Kettenreaktion (PCR)	54
3.1.4.1	Ortsspezifische Mutagenese mittels Overlap-Extension-PCR	55
3.1.4.2	Reinigung von PCR-Ansätzen mittels GenElute^{TM} PCR Clean-Up Kit	58
3.1.5	Reverse Transkription mit dem iScript^{TM} cDNA Synthese Kit	59
3.1.6	Realtime quantitative PCR (qRT-PCR)	59
3.1.6.1	Relative Quantifizierung mit der qRT-PCR	61
3.1.6.2	Absolute Quantifizierung mit der qRT-PCR	62
3.1.7	DNA-Sequenzierung nach Sanger mit der Kettenabbruchmethode und fluoreszenzmarkierten Didesoxynukleotiden	62
3.2	**Zellbiologische und Proteinbiochemische Methoden**	**64**
3.2.1	Kultivierung adhärenter Zelllinien	64
3.2.1.1	Bestimmung der Zellzahl mit der Neubauer-Zählkammer	65
3.2.1.2	Einfrieren und Auftauen von eukaryotischen Zellen	65
3.2.1.3	Transfektion adhärenter eukaryotischer Zellen mit Polyethylenimin	66
3.2.1.4	Verpackung foamyviraler Vektoren in HEK-293T Zellen	67
3.2.1.5	Konzentration foamyviraler Zellkulturüberstände in der Ultrazentrifuge	68
3.2.1.6	Transduktion von Zielzellen mit foamyviralen Vektoren und Ermittlung der CCID$_{50}$	68
3.2.2	Isolierung von Nukleinsäuren aus eukaryotischen Zellen	69
3.2.2.1	Isolierung von DNA aus Zellen	69
3.2.2.2	Isolierung von RNA aus Zellen	69
3.2.3	Herstellung von Proteinproben für den Western-Blot	70
3.2.4	Bestimmung der Proteinkonzentration nach Bradford	71
3.2.5	Diskontinuierliche Tris-Tricin-SDS-Polyacrylamid-Gelelektrophorese	71
3.2.6	Western-Blot-Analyse	73
3.2.6.1	Proteintransfer auf eine Nitrocellulosemembran mittels Semi-Dry-Verfahren	73
3.2.6.2	Proteindetektion mit reversibler Ponceau-S-Färbung	74
3.2.6.3	Immunfärbung von Western-Blots	74
3.2.7	Quantitative Immunoassays	75
3.2.8	Immunfluoreszenzfärbung von Zellen	76

3.2.9	Behandlung adhärenter Zellen mit BD GolgiPlug™	77
3.2.10	Durchflusscytometrie (FACS-Analyse)	78
3.2.11	Intrazelluläre FACS Färbung von hIL-1Ra	78
3.3	**Tierexperimentelle Methoden**	**79**
3.3.1	Applikation von FAD-Vektoren *in vivo*	79
3.3.2	Isolierung von Synovialzellen aus Rattenkniegelenken	80
3.3.3	Gewinnung von konditionierten Zellkulturüberständen für den hIL-1Ra-ELISA	81

4. Ergebnisse

4.1	**Konstruktion Tetracyclin-regulierbarer Foamyvirus-Adenovirus Hybridvektoren (FAD) für die Expression des Interleukin-1 Rezeptorantagonisten**	**82**
4.1.1	Klonierung der FAD-Vektoren FAD-9 bis FAD-13	84
4.1.2	Analyse der Funktionalität der Plasmide pCW02 – pCW07 und Vergleich der Expressionsstärken der heterologen Promotoren	86
4.1.3	Genexpression der FAD-Vektoren	88
4.1.4	Analyse der PFV-Vektorproduktion von FAD-Vektorplasmiden *in vitro*	92
4.1.5	Analyse der PFV-Vektorproduktion von infektiösen FAD-Vektoren *in vitro*	94
4.1.6	Langzeit-Transduktionsanalysen der Gentransfervektoren FAD-2 und FAD-11 in den humanen Zelllinien A549 und hMSC-TERT4 sowie in Synovialzellen der Ratte	97
4.1.7	Relative Quantifizierung der intrazellulären Vektorgenome	99
4.1.8	Kinetik der PFV-Vektorfreisetzung aus transient PFV-produzierenden Zellen	100
4.1.9	Quantitative Analyse des Genexpressionsmusters der proinflammatorischen Cytokine IL-1β, IL-6 und IL-8 in A549 Zellen nach IL-1β Stimulation	106
4.1.10	Antagonisierung von IL-1β durch hIL-1Ra bei A549 Zellen	110
4.1.11	Protektive Wirkung des FAD-11 vermittelten hIL-1Ra-Gentransfers in A549 Zellen	112
4.1.12	Einfluss von IL-1β auf die SFFV-U3-Promotoraktivität	116
4.1.13	Suszeptibilität verschiedener Zelllinien für FAD-Vektoren	118
4.2	**Tierexperimentelle Untersuchungen**	**121**
4.2.1	Intraartikuläre Applikation von FAD-2 Vektoren *in vivo*	121
4.2.2	Intraartikuläre Applikation von FAD-11 Vektoren *in vivo*	123

5.	Diskussion	125
6.	Referenzverzeichnis	140
7.	**Anhang**	
7.1	Zusammenfassung	155
7.2	Summary	156
7.3	Abbildungsverzeichnis	157
7.4	Tabellenverzeichnis	169
7.5	Abkürzungsverzeichnis	160
7.6	Nachwort und Danksagung	163

1. Einleitung

1.1 Gentherapie

Die Genetik bildet eine zentrale Disziplin innerhalb der Biologie. Sie liefert die Erklärung wie Organismen Merkmale des Körperbaus, der Physiologie und des Verhaltens an ihre Nachkommen weitergeben und wie jedes Individuum diese Merkmale im Laufe seines Lebens zum Ausdruck bringt. Die raschen Fortschritte in der Molekularbiologie in den letzten Jahren versetzen uns in die Lage, diese biologischen Prozesse zu erforschen und haben zu grundlegenden neuen Einsichten innerhalb der Biologie geführt. So verspricht das zunehmende tiefere Verständnis von den genetischen Grundlagen zahlreicher Krankheiten auch in der medizinischen Praxis einen dramatischen Wandel. Insbesondere die somatische Gentherapie hat dabei das Potential, die Behandlungsmöglichkeiten für angeborene und erworbene Erkrankungen zukünftig beträchtlich zu erweitern und könnte sich zu einer medizinischen Schlüsseltechnologie des 21. Jahrhunderts entwickeln (Verma und Weitzman 2005).

Das Basiskonzept der somatischen Gentherapie besteht darin, Gendefekte durch das gezielte Einbringen neuen genetischen Materials in Körperzellen zu korrigieren und dadurch Erkrankungen zu heilen oder den Krankheitsverlauf zu verlangsamen. Ein defektes zelluläres Gen liegt vor, wenn das von ihm codierte Protein seine normalen physiologischen Funktionen nicht mehr ausübt und daraus spezifische Erkrankungen resultieren. Durch die Gentherapie soll im einfachsten Fall die fehlerhafte Funktion eines zellulären Gens, das als Ursache einer Erkrankung identifiziert wurde, durch ein gesundes wildtypisches Allel des Gens kompensiert werden. Um dieses Ziel zu erreichen sind sogenannte Vektoren notwendig, mit deren Hilfe ein effektiver Transfer des therapeutischen transgenen Materials in Körperzellen erreicht werden soll. Als Schlüsselfaktor der Gentherapie ist dabei besonders die Entwicklung effizienter, aber auch sicherer Vektorsysteme zu betrachten. Gentransfervektoren können grundsätzlich in solche mit viralem und solche mit nicht-viralem Hintergrund klassifiziert werden. Die intrazelluläre Einschleusung des transgenen Materials mittels viraler Vektoren wird als Transduktion, unter Verwendung nicht-viraler Vektoren hingegen als Transfektion bezeichnet. Letztere bestehen aus DNA, die das therapeutische Transgen beispielsweise über Injektionen, kationische Liposomenkomplexe oder Nanopartikel in die Zellen einschleusen. Die Vorteile dieser nicht-viralen Gentransferverfahren bestehen in deren einfacher Handhabung, sowie der zu erwartenden geringen *in vivo* Toxizität. Als nachteilig erweisen sich die sehr geringen Effizienzen der gegenwärtig eingesetzten Methoden sowie die transienten Genexpressionen, die ihre Anwendungen für *in vivo* Applikationen, die eine stabile und zugleich starke Expression des Transgens erfordern, ausschließen (Robbins und Ghivizzani 1998; Thomas et al. 2003; Verma und Weitzman 2005).

Die mit Abstand am häufigsten eingesetzten Vektoren für den somatischen Gentransfer beruhen auf gentechnisch veränderten Viren. Dabei werden die effizienten Mechanismen ausgenutzt, die Viren im Verlauf der Co-Evolution mit ihren Wirtszellen entwickelt haben, um ihr genetisches Material intrazellulär einzuschleusen. Bei solchen viralen Vektorsystemen wird zwischen ins zelluläre Genom integrierenden und nicht-integrierenden Vektoren unterschieden. Mit integrierenden Vektoren verbindet sich die Idee, eine lebenslange Kompensation des defizienten zellulären Genproduktes durch eine stabile Expression des therapeutischen Transgens zu erreichen. Unter der Vielzahl der entwickelten viralen Vektorsysteme sind insbesondere adenovirale Vektoren, adenoassoziierte Vektoren, lentivirale Vektoren, gammaretrovirale Vektoren und Herpes-simplex-Virus 1 basierende Vektoren hervorzuheben. Die derzeit verfügbaren viralen Vektorsysteme sind noch mit einer Reihe von Nachteilen behaftet, die zum Beispiel unerwünschte immunologische Reaktionen, zu geringe Klonierungskapazitäten oder die Dauer der Transgenexpression umfassen. Speziell bei retroviralen Vektoren können sich aufgrund der proviralen Integration erhebliche onkologische Risiken ergeben (Robbins und Ghivizzani 1998; Thomas et al. 2003; Verma und Weitzman 2005; Porteus et al. 2006; Flotte 2007).

Sowohl präklinische, als auch die ab 1990 (SCID-X1: Blaese et al. 1995) durchgeführten klinischen Gentherapiestudien haben die Grenzen der somatischen Gentherapie aufgezeigt und die ursprüngliche Euphorie, die mit der Anwendung dieser neuen biomedizinischen Methoden verbunden war, gedämpft (Thomas et al. 2003). So erwies sich beispielsweise die hohe Immunogenität adenoviraler Vektoren als gravierend (Übersicht in: Nayak und Herzog 2010). In einem 1999 durchgeführten Gentherapieversuch zur Behandlung des Ornithin-Transcarbamylase-Mangels (OTC-Defizienz), einem Enzymdefekt im Harnstoffzyklus, führte die Applikation eines adenoviralen Vektors zum Tode eines Probanden, nachdem eine schwere systemische Entzündungsreaktion (SIRS) aufgetreten war (Raper et al. 2002). In einer Studie zur Behandlung von X-chromosomaler SCID (SCID-X1), einer lebensbedrohlichen Immundefizienz, entwickelten sich infolge unerwünschter Aktivierungen zellulärer Protoonkogene, die aufgrund der chromosomalen Integration des verwendeten gammaretroviralen Vektors ausgelöst wurden, bei fünf von neunzehn Patienten T-Zell-Leukämien (Hacein-Bey-Abina et al. 2010; Nowrouzi et al. 2011).

Demgegenüber konnten jedoch auch klinische Erfolge bei SCID-X1 und ADA-SCID Gentherapien mit retroviralen Vektoren erzielt werden, bei denen die Patienten ein funktionales Immunsystem ohne leukämische Entartungen ausbilden konnten (Aiuti und Roncarolo 2009).

Tab. 1: **Eigenschaften viraler Vektoren für die somatische Gentherapie**
(modifiziert nach Thomas et al. 2003 und Steinert et al. 2008)

Virales Vektorsystem				
Vektor	Beschreibung	Immunogenität	Vorteile	Nachteile
Umhüllt				
Gammaretrovirus	Retrovirus, integrierend, 4-6kbp Kapazität	gering	stabiler Gentransfer	transduziert nur teilende Zellen, insertionale Mutagenese möglich
Lentivirus	Retrovirus, integrierend, 4-6kbp Kapazität	gering	stabiler Gentransfer, breiter Tropismus, Zellzyklusunabhängig	insertionale Mutagenese möglich, stigmatisiert („AIDS-Virus")
HSV-1	dsDNA-Virus, nicht-integrierend, 40kbp Kapazität	hoch	sehr große Kapazität, hohe Transduktionseffizienz	hohe Immunogenität, transiente Transgenexpression in Nicht-Neuronen
Nicht-umhüllt				
AAV	ss/dsDNA-Virus, >90% epsiomal, ≤10% integrierend, 4kbp Kapazität	gering	nicht mit Erkrankungen assoziiert, sehr geringe Immunogenität, hohe Transduktionseffizienz	transiente Genexpression, geringe Verpackungskapazität
Adenovirus	dsDNA-Virus, nicht-integrierend, bis 36kpb Kapazität	hoch	große Kapazität, hohe Transduktionseffizienz	hohe Immunogenität

Neben der somatischen Gentherapie werden virale Vektoren auch zunehmend für den Einsatz als Vakzine gegen Infektionskrankheiten oder für die Bekämpfung von Tumoren entwickelt. In diesem Kontext ist eine starke Immunantwort oder gar zelluläre Toxizität, wie sie zum Beispiel bei adenoviralen Vektoren der ersten Generation beobachtet werden, für den Erfolg der Behandlung sogar vorteilhaft und erwünscht (Jiang et al. 2009; Sharma et al. 2009).

1.2 Retroviren

Das Grundprinzip der Genexpression wurde zu Beginn der 1960er-Jahre von Francis Crick in einem einfachen Schema zum Ausdruck gebracht: „DNA makes RNA makes protein", eine Formulierung, die man später als „zentrales Dogma der Molekularbiologie" bezeichnet hat. Dieses Schema musste schon bald in seiner engen Auslegung korrigiert werden. Im Jahr 1970 entdeckten Temin, Mituzami und Baltimore, dass eine Gruppe von Viren ein einzigartiges Enzym beherbergten, welches die Synthese von DNA aus viraler genomischer RNA katalysierte. Dieses Enzym wurde daraufhin reverse Transkriptase genannt und spiegelt sich im Namen der Familie der Retroviren wider (Crick 1970; Karpas 2004). Die Familie der Retroviren, die *Retroviridae*, besteht aus einer großen und vielfältigen Gruppe von Viren, die in allen Vertebraten gefunden wurden. Retroviren verursachen bei Tieren und beim Menschen eine Vielzahl bedeutsamer persistierender Erkrankungen und lagen deshalb schon immer im Fokus der Virologen. Besonders seit Beginn der desaströsen HIV-Pandemie Anfang der 1980er-Jahre und der Erstbeschreibung des Erregers 1983/1984 entstand auch ein starkes gesellschaftliches Interesse an der Retrovirologie und zog große Forschungsaktivitäten in den darauffolgenden Jahren nach sich, die dazu führten, dass heute viele Aspekte der Molekularbiologie und Pathogenese retroviraler Infektionen bekannt sind (Cohen und Fauci 2001; Modrow et al. 2003; Karpas 2004). Die charakteristische Besonderheit der Retroviren besteht darin, dass ihre genomische RNA im Laufe des Replikationszyklus zunächst in DNA umgeschrieben und schließlich über die enzymatische Aktivität der viralen Integrase ins chromosomale Wirtszellgenom insertiert wird. Dort erlangen die retroviralen Genome die genetische Stabilität zellulärer Gene und dienen in dieser als Provirus bezeichneten Form dann als Matrize für die Synthese genomischer und subgenomischer viraler RNA-Spezies, die für die Assemblierung neuer Virionen benötigt werden (Goff 2001). Basierend auf morphologischen und genetischen Charakteristika wird die Familie der *Retroviridae* gegenwärtig in zwei Unterfamilien, die *Orthoretrovirinae* und die *Spumaretrovirinae* eingeteilt. Während die Unterfamilie der *Orthoretrovirinae* taxonomisch in sechs Genera untergliedert wird, umfasst die Unterfamilie der *Spumaretrovirinae* nur die Foamyviren. Die taxonomische Abtrennung der Foamyviren von den restlichen Retroviren liegt insbesondere in ihrer Replikationsstrategie begründet, die sich signifikant von der aller anderen Retroviren unterscheidet und teilweise Analogien zu den Hepadnaviren aufweist (Rethwilm 2005). Die wichtigsten Vertreter jeder Gattung sind in der Tabelle [2] zusammengefasst.

Tab. 2: **Klassifikation der *Retroviridae***
(nach Rethwilm 2005)

Unterfamilie	Genus	Beispiel	Genom
Orthoretrovirinae	Alpharetrovirus	Avian Leukosis Virus (ALV)	einfach
	Betaretrovirus	Mouse Mammary Tumor Virus (MMTV) Mason-Pfizer Monkey Virus (MPMV)	einfach
	Gammaretrovirus	Murine Leukemia Virus (MuLV)	einfach
	Deltaretrovirus	Bovine Leukemia Virus (BLV) Human T-Cell Leukemia Virus (HTLV)	komplex
	Epsilonretrovirus	Walleye Dermal Sarcoma Virus (WDSV)	komplex
	Lentivirus	Human Immunodeficiency Virus (HIV)	komplex
Spumaretrovirinae	Foamyvirus	Prototype Foamy Virus (PFV)	komplex

Hinsichtlich der Genomstruktur wird innerhalb der *Retroviridae* zwischen einfachen und komplexen Retroviren unterschieden. Die Gattungen der Alpha-, Beta- und Gammaretroviren gelten als einfache Retroviren, wohingegen die Delta-, Epsilon-, Lenti- und Spumaretroviren zu den komplexen Retroviren gezählt werden. Die einfachen Retroviren codieren in ihren Genomen nur Gag-, Pro-, Pol- und Env-Genprodukte, wohingegen die komplexen Retroviren noch zusätzliche akzessorische Genprodukte codieren, die an der Regulation der viralen Genexpression beteiligt sind, oder immunmodulatorische Funktionen wahrnehmen (Goff 2001).

1.2.1 Foamyviren

Foamyviren (FV) gelten als die ältesten bekannten Viren bei Wirbeltieren. Jüngste Untersuchungen konnten zeigen, dass sich diese einzigartigen Viren über mindestens 65 Millionen Jahre parallel zu ihren Wirten entwickelt haben (Switzer et al. 2005) - endogene FV-Sequenzen, die in Faultieren gefunden wurden, deuten gar auf eine Co-Evolution von mehr als 100 Millionen Jahren hin (Katzourakis et al. 2009). FV etablieren lebenslange, persistierende Infektionen und induzieren hohe IgG-Titer (Murray und Linial 2006). Gleichwohl konnten für FV bisher, im Gegensatz zu den *Orthoretrovirinae*, keine Krankheiten in natürlichen oder akzidentellen Wirten gefunden werden (Rethwilm 2005). Die Gründe der FV-Apathogenität sind gegenwärtig nicht bekannt, werden aber im Zusammenhang mit der langen Co-Evolution gesehen (Murray und Linial 2006). Im starken Kontrast dazu verursachen FV jedoch in permissiven epithelialen oder fibroblastoiden Zellkulturen einen massiven, schaumartigen cytopathischen Effekt (CPE), der zur Namensfindung der FV und der Familie der *Spumaretrovirinae* geführt hat (Rethwilm 2005; Murray und Linial 2006). Der ersten Beschreibung eines solchen CPE, der *in vitro* durch das Auftreten von multinukleären Synzytien und Vakuolisierungen der infizierten Zellen charakterisiert ist, in einer primären Nierenzellkultur aus Affengewebe im Jahre 1954, folgte 1955 die Isolierung des verursachenden zellfrei übertragbaren Agens (Enders und Peebles 1954; Rustigian et al. 1955).

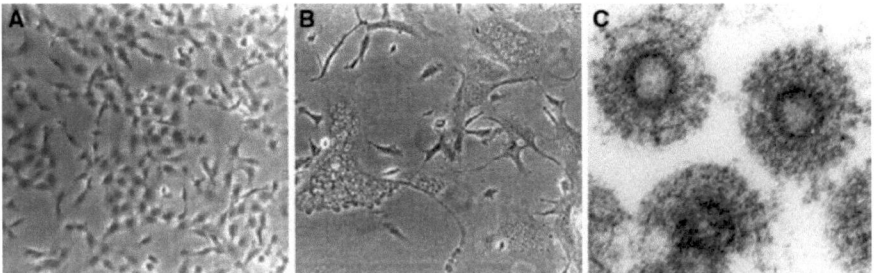

Abb. 1: PFV-cytopathischer Effekt und extrazelluläre Partikel

(A) MOCK-infizierte Zellkultur. (B) PFV-infizierte Zellkultur mit Synzytiumbildung.
(C) EM-Aufnahme extrazellulärer FV-Partikel. (Abbildung aus: Rethwilm 2010)

Seit der Erstisolierung eines FV wurden Vertreter der *Spumaretrovirinae* in unterschiedlichen Affenarten aus Afrika, Asien und Südamerika, einschließlich Menschenaffen, sowie in Hamstern, Katzen, Ohrenrobben, Pferden, Rindern oder Schafen entdeckt (Übersicht in: Meiering und Linial 2001 sowie Rethwilm 2005). Bei Primaten liegt die natürliche Seroprävalenz bei deutlich mehr als 30% und kann in Gefangenschaft annähernd 100% erreichen (Murray und Linial 2006; Liu et al. 2008; Morozov et al. 2009). Im infizierten Wirt scheint die aktive foamyvirale Replikation auf die orale Mukosa beschränkt zu sein, wenngleich genomische FV-DNA in allen Organen gefunden werden kann. Dies deutet auf einen Übertragungsweg hin, bei dem die Viren vermutlich über Bisse und Lecken im Sinne einer direkten Kontaktinfektion zwischen den Tieren übertragen werden (Rethwilm 2005; Murray und Linial 2006). Aber auch die prinzipielle Möglichkeit einer hämatogenen Übertragung konnte kürzlich an Rhesusaffen nachgewiesen werden (Khan und Kumar 2006). Desweiteren konnte bei Rindern die Übertragung des bovinen FV über die Milch dokumentiert werden (Romen et al. 2007). Im Jahre 1971 wurde aus einem kenianischen Patienten mit Nasopharynx-Karzinom ein vermeintliches humanes FV-Isolat (initial als HFV bezeichnet) isoliert (Achong et al. 1971). Spätere Sequenzanalysen zeigten jedoch, dass HFV verschiedenen FV-Isolaten aus Schimpansen (SFVcpz) zugeordnet werden kann und deuteten somit eine zoonotische Infektion an (Herchenröder et al. 1995; Meiering und Linial 2001). Mittlerweile konnten solche Transspezies-Infektionen in mehreren seroepidemiologischen Studien bei bestimmten Risikogruppen, die in engen Kontakt mit Primaten stehen, wie Veterinären oder Tierpflegern, sowie bei zentralafrikanischen Bushmeat-Jägern, beobachtet werden (Heneine et al. 2003; Wolfe et al. 2004; Boneva et al. 2007). Trotz intensiver Suche konnte in der menschlichen Population bisher kein natürliches FV-Reservoir identifiziert werden (Schweizer et al. 1995; Ali et al. 1996). Weil ferner noch kein dokumentierter Fall einer horizontalen Übertragung des Virus von infizierten auf gesunde Personen bekannt geworden ist, gilt der Mensch als Fehlwirt bzw. „dead-end host" (Heneine et al. 2003; Rethwilm 2005; Murray und Linial 2006). Aufgrund dieser Befunde wurde das ursprünglich als HFV bezeichnete Isolat in „Prototype Foamy Virus" (PFV) umbenannt und gilt als der am besten charakterisierte Vertreter unter den Foamyviren (Rethwilm 2005 und 2007). Von PFV abgeleitete foamyvirale Vektorsysteme gelten aufgrund mannigfaltiger vorteilhafter Charakteristika als aussichtsreiche Kandidaten für den Einsatz in der somatischen Gentherapie (Rethwilm 2007; Trobridge 2009; Erlwein und McClure 2010) und wurden wegen ihres apathogenen Infektionsverlaufes in der Literatur bisweilen schon als „perfekte Parasiten" bezeichnet (Vassilopoulos und Rethwilm 2008).

1.2.2 Morphologie der Foamyviren

Foamyviren sind umhüllte sphärische Partikel mit einem Durchmesser von 100-140nm. Im Inneren des Virions befindet sich ein unreif erscheinendes Capsid, das einen Durchmesser von ungefähr 65nm aufweist und sich aus prozessierten ($p68^{Gag}$) und unprozessierten ($pr71^{Gag}$) Gag-Proteinen zusammensetzt. In der viralen Hüllmembran ist neben einem kleinen Env-Leaderpeptid ($gp18^{LP}$) ein transmembranes Env-Glykoprotein ($gp48^{TM}$) verankert, das nicht-kovalent mit dem externen Env-Glykoprotein ($gp80^{SU}$) assoziiert vorliegt. Die drei Env-Proteine werden durch zelluläre Furin-ähnliche Proteasen aus einem 130kDa schweren Vorläuferprotein ($gp130^{Env}$) gespalten. Die homo-trimeren Env-Hüllproteine ragen 10-15nm aus der Hüllmembran hervor und vermitteln die virale Adsorption und Penetration der Wirtszelle. Neben diesen strukturellen Komponenten sind die virale Integrase ($p40^{IN}$) sowie das Protease-Reverse Transkriptase/RNaseH-Polyprotein ($p85^{PR-RT/RN}$) integrale Bestandteile der Viruspartikel. Diese für die virale Replikation essentiellen enzymatischen Proteine werden aus dem mehrere Domänen umfassenden Pol-Vorläuferprotein ($pr127^{Pol}$) autokatalytisch prozessiert (Linial und Weiss 2001; Delelis et al. 2004; Rethwilm 2005).

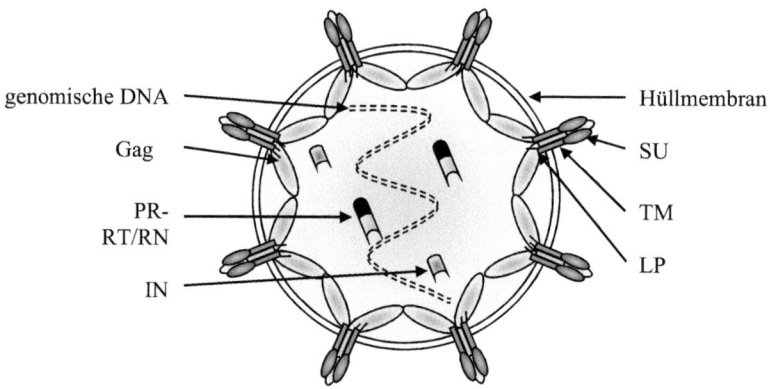

Abb. 2: Morphologie des FV-Virions

(LP) Leaderpeptid; (SU) externes Glykoprotein; (TM) transmembranäres Glykoprotein;
(IN) Integrase; (PR-RT/RN) Protease-Reverse Transkriptase/RNaseH.
Die Darstellung wurde schematisch und nicht maßstabsgetreu abgebildet.

Im Gegensatz zu den *Orthoretrovirinae* enthalten infektiöse FV-Partikel beträchtliche Mengen bereits revers-transkribierter, linearer genomischer DNA, wie es auch für die Hepadnaviren beschrieben wurde. Die für alle Retroviren charakteristische reverse Transkription der viralen RNA in DNA, die der proviralen chromosomalen Integration vorausgeht, findet bei den FV schon während der Partikelassemblierung und dem Budding in der virusproduzierenden Zelle als später Schritt der Virusreplikation statt (Moebes et al. 1997; Yu et al. 1999; Roy et al. 2003). Diese einzigartige Replikationsstrategie war ein wesentlicher Grund, die FV in die Unterfamilie der *Spumaretrovirinae* einzuordnen (Rethwilm 2005).

1.2.3 Genomorganisation und Genexpression bei Foamyviren

Unter den Retroviren besitzen die FV die längsten Genome - so beläuft sich die Größe des proviralen dsDNA-Genoms von PFV auf 13,2kbp. Dennoch ist die genomische Organisation von FV typisch für komplexe Retroviren (Linial 2007; Rethwilm 2005, 2007 und 2010). Auf proviraler Ebene werden die codierenden Regionen von regulatorisch wichtigen Kontrollsequenzen, die als long terminal repeats (LTR) bezeichnet werden, flankiert. Die beiden identischen FV-LTR-Sequenzbereiche werden im Verlauf der reversen Transkription generiert und bestehen aus den Regionen U3, R und U5 (Maurer et al. 1988). Die codierenden Regionen setzen sich aus den drei charakteristischen retroviralen Genen *gag*, *pol* und *env* zusammen. Dabei codiert der *gag*-Bereich die foamyviralen Strukturproteine und der *pol*-Bereich die Enzyme der viralen Replikation (Protease, Reverse Transkriptase/RNaseH, Integrase). Die glykosylierten Membranproteine werden vom *env*-Bereich codiert. Diese viralen Gene sowie die genomische RNA werden vom 5´LTR-U3-Promotor ausgehend transkribiert, wobei für jedes Gen eine individuelle subgenomische mRNA synthetisiert wird. Die hieraus resultierende unabhängige Expression von Gag- und Pol-Proteinen ist ein Alleinstellungsmerkmal von FV innerhalb der Retroviren (Enssle et al. 1996; Jordan et al. 1996). Parallel zu den *gag*-, *pol*- und *env*-Bereichen konnten im FV-Genom noch zusätzliche Sequenzbereiche identifiziert werden, die für die beiden akzessorischen Nichtstrukturproteine Bet und Tas codieren und deren Expression durch einen internen Promotor (IP) reguliert wird. Der IP ist innerhalb des *env*-Gens lokalisiert und weist eine hohe konstitutive Aktivität auf, die zur Synthese von Tas (36kDa) und Bet (60kDa) führt (Löchelt 2003). Das Tas-Protein transaktiviert den LTR-U3-Promotor, der in Abwesenheit von Tas transkriptionell inaktiv ist und verstärkt daneben seine eigene Expression über die Bindung an den IP (Löchelt 2003). Der molekulare Mechanismus der Transkriptionsaktivierung ist nicht bekannt, gleichwohl konnte kürzlich gezeigt werden, dass eine

Acetylierung von Tas durch die zelluläre Histon-Acetyltransferase PCAF zu einer verstärkten Bindung an die Promotoren und einer gesteigerten FV-Transkription führt (Bodem et al. 2007). Für das Bet-Protein wurde hingegen jüngst eine antagonisierende Funktion zu zellulären APOBEC3-Proteinen beschrieben, die ihrerseits eine bedeutende Rolle bei der intrinsischen zellulären Immunantwort einnehmen (Russel et al. 2005; Perkovic et al. 2009). Die APOBEC3-Proteinfamilie ist gemeinsam mit dem potenten Restriktionsfaktor Tetherin, alias BST-2, und TRIM5α ein wichtiger Bestandteil der angeborenen antiviralen Immunität (Yap et al. 2008; Jouvenet et al. 2009; Perkovic et al. 2009).

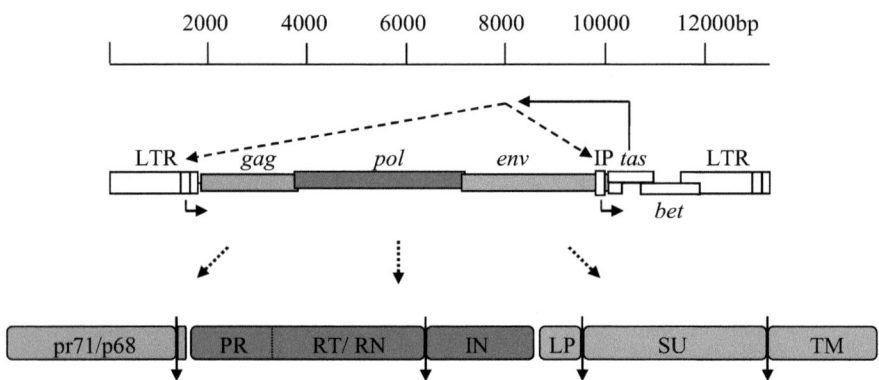

Abb. 3: FV-Genomorganisation und Prozessierung der viralen Proteine Gag, Pol und Env

Die obere Abbildung stellt die Genomorganisation von FV schematisch dar. Die beiden long terminal repeats (LTR) setzen sich aus den Sequenzelementen U3, R und U5 zusammen und flankieren die offenen Leserahmen für die gruppenspezifischen Antigene (*gag*-Proteine), die Enzyme (*pol*-Genprodukte) und die Membranproteine (*env*). Der interne Promotor (IP) reguliert die Expression der akzessorischen Proteine Tas und Bet. Das Tas-Protein (36kDa) transaktiviert den LTR-U3-Promotor über Bindung an BRE-Sequenzen und verstärkt daneben die Aktivität des IP („positive feedback loop"). Das Bet-Protein wird von einer doppelt gespleißten mRNA translatiert und weist eine immunmodulatorische Funktion (APOBEC3-Antagonist) auf. Die zwei horizontalen, nach rechts gerichteten Pfeile geben die Transkriptionsrichtung an (modifiziert nach Trobridge 2009).

Die untere Abbildung zeigt die translatierten FV-Polyproteine, die aus individuell transkribierten mRNAs synthetisiert werden. Die virale Protease (PR) spaltet bei 50-75% aller Gag-Proteine ein 3kDa Fragment C-terminal ab. Das Pol-Vorläuferprotein (pr127^{Pol}) beinhaltet die virale Protease (PR), die reverse Transkriptase/RNaseH (RT/RN) und die virale Integrase (IN). Die Spaltung zwischen RT und IN erfolgt autokatalytisch. Das Env-Hüllprotein wird über die Aktivität zellulärer Furin-ähnlicher Proteasen prozessiert. Dabei wird Env in eine Oberflächenuntereinheit (SU) sowie eine Transmembranuntereinheit (TM) prozessiert. N-terminal wird ein Leaderpeptid (LP) abgespalten. Das Env-Hüllprotein wird posttranslational im endoplasmatischen Retikulum an 15 Stellen N-glykosyliert. Die vertikalen Pfeile deuten die Proteaseschnittstellen an (Rethwilm 2005 und 2007).

Weiterhin konnten in der genomischen FV-RNA *cis*-aktive Sequenzmotive (CAS) identifiziert werden, die für die virale Replikation (reverse Transkription und Partikelassemblierung) essentiell sind. Diese spezifischen funktionellen Domänen umfassen eine Primer-Bindestelle (PBS) für tRNA$^{LYS\ 1,2}$, die stromabwärts vom proviralen 5´LTR lokalisiert ist und als Initiator der Erststrang-DNA-Synthese bei der reversen Transkription dient (Maurer et al. 1988). Weitere wesentliche Elemente für die Replikation beinhalten einen Polypurintrakt (3´PPT), der stromaufwärts angrenzend am proviralen 3´LTR liegt und einen zusätzlichen Polypurintrakt (cPPT), der innerhalb des *pol*-Gens liegt (Tobaly-Tapiero et al. 1991; Delelis et al. 2004). Daneben wurden palindromische Sequenzabschnitte (DLS: SI, SII und SIII) benachbart zum proviralen 5´LTR identifiziert, die in die virale RNA-Dimerisierung involviert sind (Cain et al. 2001; Yu et al. 2007). Schließlich konnte ein zusätzliches *cis*-aktives Sequenzmotiv (CASII), welches für die Partikelassemblierung bedeutsam ist, im *pol*-Gen gefunden werden (Erlwein et al. 1998; Heinkelein et al. 1998; Wiktorowicz et al. 2009). Für die genomische RNA wird diesbezüglich eine Funktion als Brückenmolekül zwischen Gag- und Pol-Vorläuferproteinen diskutiert (Peters et al. 2005; Rethwilm 2007).

1.2.4 Replikation der Foamyviren

Foamyviren weisen *in vitro* einen sehr breiten Zelltropismus auf und können in einer Vielzahl von Zelltypen unterschiedlicher Spezies replizieren (Hill et al. 1999). Weil darüber hinaus noch keine vollständig refraktäre Säugetierzelle gefunden werden konnte, wird vermutet, dass ein bisher nicht identifiziertes, ubiquitär vorkommendes Molekül in der Zellmembran die virale Adsorption ermöglicht (Rethwilm 2005; Trobridge 2009). Die Penetration der Wirtszelle erfolgt über einen pH-abhängigen endocytotischen Aufnahmeweg (Picard-Maureau et al. 2003). Intrazellulär wird das Virus durch Prozessierung von Gag disassembliert und der gebildete Präintegrationskomplex (PIC) über eine Interaktion mit dem mikrotubulären Netzwerk zum Zellkern transportiert (Delelis et al. 2004; Lehmann-Che et al. 2005). An der nukleären Translokation des PIC ist die virale Integrase maßgeblich beteiligt (Lo et al. 2010). Im Zellkern findet die Integration der viralen DNA in das Wirtszellchromosom statt - die Reaktion wird durch die virale Integrase katalysiert. Das integrierte Provirus dient fortan als Template für die Transkription genomischer und subgenomischer mRNA-Spezies. In der Frühphase ermöglicht die starke Basalaktivität des internen Promotors (IP) die Expression von Tas, das zunächst seine eigene Synthese vom IP verstärkt. Nachdem die Expression von Tas ein bestimmtes Maß erreicht hat, wird schließlich der 5'LTR-U3-Promotor transaktiviert, genomische und einfach gespleißter mRNAs transkribiert und die viralen Enzyme sowie Strukturproteine translatiert (Linial 2007; Löchelt 2003).

Einleitung

Der nukleäre Exportmechanismus ungespleißter oder einfach gespleißter mRNA-Spezies konnte experimentell noch nicht abschließend aufgeklärt werden, es mehren sich aber die Hinweise, dass darin strukturelle RNA-Motive (als FREE bezeichnet), das RNA-Bindemolekül HuR, als auch die Adaptermoleküle ANP32A und B involviert sind (Rethwilm 2010; Bodem et al. 2011). Die Partikelmorphogenese findet im Cytoplasma statt - gleichwohl konnte die Assemblierung der Capside, insbesondere die Inkorporation der Pol-Proteine, noch nicht vollständig charakterisiert werden (Rethwilm 2010). Vor der Freisetzung von der Wirtszelle assoziieren die Capside entweder an internen Membranen des endoplasmatischen Retikulums oder der Plasmamembran mit den glykosylierten Env-Membranproteinen. Dafür ist eine spezifische Interaktion zwischen Gag- und Env-Proteinen notwendig (Linial 2007; Rethwilm 2007). In Abwesenheit von Env erfolgt kein Budding (Pietschmann et al. 1999). Da die reverse Transkription als später Schritt der Replikation beschrieben wurde, enthalten die Partikel bereits genomische DNA, was deren intrazelluläre Retrotransposition ermöglicht und zu einer Anhäufung weiterer Proviren im Zellgenom führen kann (Heinkelein et al. 2000 und 2003).

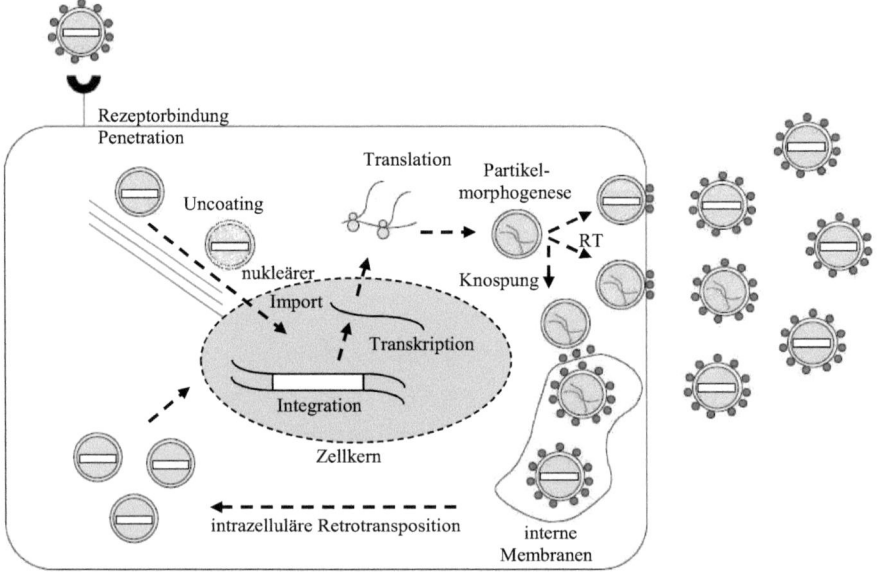

Abb. 4: **Schematischer Überblick des foamyviralen Replikationszyklus**

Die virale genomische DNA wird durch einen weißen Kasten symbolisiert, virale genomische RNA wird als überkreuzte Einzelstränge dargestellt. Eine detaillierte Erklärung ist im Text ausgeführt. (RT) reverse Transkription. (modifiziert nach Delelis et al. 2004)

1.2.5 Foamyvirale Vektoren für die Gentherapie

Wie bereits beschrieben, sind FV in der menschlichen Population weder endemisch, noch mit Erkrankungen bei akzidentellen Infektionen assoziiert. Gleichwohl haben diese Viren im Laufe ihrer Evolution effiziente Wege entwickelt, ihr Genom stabil in Wirtszellen einzubringen und bieten infolgedessen prinzipiell eine exzellente Plattform für die Konstruktion sicherer und effektiver Vektorsysteme für den somatischen Gentransfer. Virale Vektoren wurden auf Basis molekularer Klone von SFV-1 (Simian Foamy Virus 1), FFV-1 (Feline Foamy Virus 1) sowie PFV entwickelt (Rethwilm 2007; Trobridge 2009). Bei der ersten Generation foamyviraler Vektoren wurde das Transgen in den *bet*-ORF insertiert. Diese replikationskompetenten Systeme offenbarten das grundsätzliche Potential von FV-Vektoren (Schmidt und Rethwilm 1995) und ebneten den weiteren Weg, der nachfolgend zur Entwicklung replikationsdefizienter Vektoren führte. Das zunehmende Verständnis von den molekularen Grundlagen der foamyviralen Genexpression und Verpackung machte es möglich, replikationsdefiziente, selbstinaktivierende (SIN) Vektorsysteme mit minimalen *cis*-aktiven Sequenzmotiven zu konstruieren, die gegenwärtig bis zu 9,2kbp Aufnahmekapazität für fremde DNA aufweisen (Trobridge et al. 2002; Heinkelein et al. 2002; Wiktorowicz et al. 2009). In diesen Vektoren wurden spezifische Deletionen in nicht-essentiellen Bereichen von *gag, pol* und *env* eingeführt, die für die Verpackung der Vektoren *in trans* zur Verfügung gestellt werden müssen. Darüber hinaus wurden Promotor- und Enhancer-Elemente in der U3-Region entfernt. Für die Tas-unabhängige Synthese von Vektortranskripten wurde der 5´LTR-U3-Promotor gegen den konstitutiven CMV-Promotor ausgetauscht. Solche FV-Vektoren werden gegenwärtig in der etablierten HEK-293T Zelllinie durch transiente Transfektion eines Vektorplasmids mit drei verschiedenen Helferplasmiden, die für *gag, pol* und *env* codieren, verpackt und können durch Ultrazentrifugation ohne signifikanten Infektiositätsverlust zu hohen Titern von mehr als 10^7 infektiösen Partikeln pro ml konzentriert werden. Die Entstehung replikationskompetenter Rekombinanten wird als nicht gegeben betrachtet (Rethwilm 2007; Vassilopoulos und Rethwilm 2008; Trobridge 2009). Die Abbildung [5] stellt ein fortgeschrittenes FV-Vektorplasmid der aktuellen Generation repräsentativ dar.

Einleitung

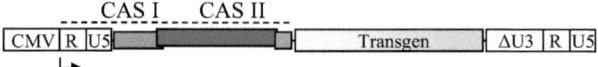

Abb. 5: **Schematische Darstellung eines foamyviralen SIN-Vektors**

Die Abbildung zeigt ein FV-Vektorplasmid. Die Regionen von *gag*, *pol* und *env* wurden bis auf die *cis*-aktiven Sequenzmotive (CAS I und CAS II), die für Propagation und Transduktion essentiell sind, deletiert. FV-Vektortranskripte werden vom konstitutiven CMV-IE-Promotor ausgehend synthetisiert, am 5´-Ende der R-Region mit einer Cap-Gruppe modifiziert und am 3´-Ende polyadenyliert. Im 3´LTR-Sequenzbereich wurde der U3-Promotor deletiert, was eine weitere Synthese von FV-Vektortranskripten nach reverser Transkription und Integration ins zelluläre Genom verhindert. Die Transgenexpression wird durch einen individuellen Promotor innerhalb des FV-Vektors reguliert. Der horizontale Pfeil zeigt Start und Richtung der FV-Transkription an. Die Darstellung wurde schematisch und nicht maßstabsgetreu abgebildet. (modifiziert nach Trobridge 2009)

FV-Vektoren sind gegenüber humanem Serum resistent (Russel et al. 1996) und können eine Vielzahl von Zelltypen erfolgreich transduzieren (Hill et al. 1999). Demgegenüber zeigen die Vektoren jedoch eine Zellzyklusabhängigkeit, wobei die provirale Integration in der G_0/G_1-Phase blockiert ist und eine Mitose erforderlich macht (Patton et al. 2004; Trobridge et al. 2004). Die Integration scheint dabei nicht von der Auflösung der Kernmembran, sondern vielmehr von der Derepression zellulärer Faktoren während der Mitose abzuhängen (Lo et al. 2010). Desweiteren weisen FV-Vektoren ein vorteilhafteres Integrationsprofil als lentivirale oder gammaretrovirale Vektoren auf (Trobridge et al. 2006; Nowrouzi et al. 2006 und 2011). In diesem Zusammenhang sind die endständigen transkriptionell nicht-aktiven LTR-Bereiche eine weitere positive Eigenschaft der FV-Vektoren (Rethwilm 2007; Trobridge 2009). In mehreren Publikationen konnte eine hohe Transduktionseffizienz FV-Vektoren in pluripotenten $CD34^+$-hämatopoetischen Stammzellen (HSC), die aus Nagetieren, Hunden, Primaten oder dem Menschen stammten, nachgewiesen werden (Hirata et al. 1996; Vassilopoulos et al. 2001; Josephson et al. 2002; Kiem et al. 2007). Gharwan et al. (2007) beschrieben die Transduktion von humanen sowie aus Primaten stammenden embryonalen Stammzelllinien. Rothenaigner et al. (2009) konnten hingegen neurale humane und murine Stammzelllinien mit FV-Vektoren erfolgreich transduzieren. In einer präklinischen HSC-Gentherapiestudie an Hunden mit Leukozyten-Adhäsions-Defizienz (LAD) konnte das Potential von FV-Vektoren demonstriert werden. LAD, eine lebensbedrohliche Immundefizienz, wird durch eine Mutation im *ITGB2*-Gen (CD18), einer Integrin-Untereinheit, hervorgerufen. In einem *ex vivo* Ansatz wurden autologe canine HSC mit einem CD18-exprimierenden FV-Vektor transduziert und den Tieren nach einer non-myeloablativen Behandlung reinfundiert. Bei vier LAD-Hunden konnte ein wildtypischer immunologischer Phänotyp erreicht werden, der für mehr als zwei Jahre stabil war (Bauer et al. 2008).

1.3 Adenoviren

Adenoviren (Ad), die zur Familie der *Adenoviridae* gehören, wurden Mitte des zwanzigsten Jahrhunderts erstmalig aus adenoidem Gewebe respiratorisch erkrankter Personen isoliert und sind weltweit mit hoher Prävalenz verbreitet (Rowe 1953; Hilleman und Werner 1954). Neben den Adenoviren des Menschen konnten Adenoviren unter anderem aus Fischen, Reptilien, Amphibien, Vögeln, oder verschiedenen Säugetierspezies wie Hunden, Schweinen und Pferden isoliert werden (Benkoe und Harrach 2004). Es werden mehr als 100 serologische Formen unterschieden, die gegenwärtig in vier Genera eingeteilt werden. Unter den Adenoviren der Säugetiere (Genus *Mastadenovirus*) gibt es bis heute 51 identifizierte humanpathogene Serotypen, die sowohl lytische als auch persistierende Infektionen hervorrufen können. Die Vielzahl der durch Adenoviren verursachten Krankheitsbilder umfasst okuläre, respiratorische und gastrointestinale Erkrankungen, aber auch darüber hinaus Harnwegsinfektionen, Hepatitis und Meningoenzephalitis (Übersicht in: Shenk 2001). Basierend auf der Onkogenität in Nagetieren und weiteren Kriterien (z.B. Hämagglutinationsverhalten, Genomhomologie, Größe der Capsidproteine) werden die humanpathogenen Serotypen in sechs Subgenera (A bis F) eingeteilt. Die adenovirale Replikation zählt zu den am besten studierten Virus-Wirtszell-Interaktionen. So führte die Untersuchung der adenoviralen Genexpression im Jahre 1977 zur Entdeckung des RNA-Spleißens. Dabei zählen die humanpathogen Serotypen Ad2 und Ad5 des Subgenus C zu den am besten charakterisierten Vertretern unter den Adenoviren (Horwitz 2001; Shenk 2001; Modrow et al. 2003; Mahy und van Regenmortel 2010).

1.3.1 Morphologie und Genom der Adenoviren

Adenoviren sind nicht-umhüllte Partikel mit einem Durchmesser von 70-100nm und weisen eine ikosaedrische Struktur auf. Die Capside setzen sich primär aus Hexon-, Penton- und Fiberproteinen zusammen. Dabei werden die zwanzig Ikosaederseitenflächen von insgesamt 240 Hexonen gebildet, von denen jedes ein Homotrimer des adenoviralen Hexonproteins pII ist. Mit den Hexonen sind die Proteine pVI, pVIII und pIX assoziiert, die eine stabilisierende Wirkung auf das Gitter der Hexoncapsomere haben. Ferner scheinen die Proteine pVI und pVIII das Capsid mit dem inneren Nucleoproteinkomplex zu verbinden (Shenk 2001). Die Ecken des Capsids werden von zwölf Pentonen gebildet, wobei jedes Penton aus einem Pentonbasis- und einem Fiberproteinanteil besteht. Die Pentonbasis wird aus Homopentameren des adenoviralen Pentonproteins pIII gebildet. Mit jeder der zwölf Pentonbasen ist ein homotrimeres Fiberprotein verbunden, das aus dem adenoviralen Protein pIV aufgebaut ist und an jeder Ecke des Capsids 9 bis 30nm hervorragt.

Mit Ausnahme von Ad40 und Ad41, die zwei Fiberproteine codieren, codieren alle humanen Serotypen für ein Fiberprotein (Kidd et al. 1993). Die terminale globuläre Domäne (Knopfregion) des homotrimeren Fiberproteins vermittelt dabei die primäre Adsorption des Adenovirus an den zellulären Rezeptor, der als Coxsackievirus und Adenovirus Rezeptor (CAR) bezeichnet wird und ein Mitglied der Immunglobulin-Superfamilie ist. Der CAR wird von allen bekannten humanpathogenen Serotypen, bis auf Adenoviren des Subgenus B, als primärer Rezeptor verwendet (Roelvink et al. 1998). Das Innere des Partikels enthält einen Nucleoproteinkomplex, der aus dem linearen 32-38kbp dsDNA-Genom und den Core-Proteinen pV und pVII besteht. Die beiden 5´-Enden der genomischen DNA sind kovalent mit dem terminalen Protein verknüpft, das während der DNA-Replikation als Primer fungiert (Horwitz 2001; Shenk 2001; Modrow et al. 2003; Mahy und van Regenmortel 2010).

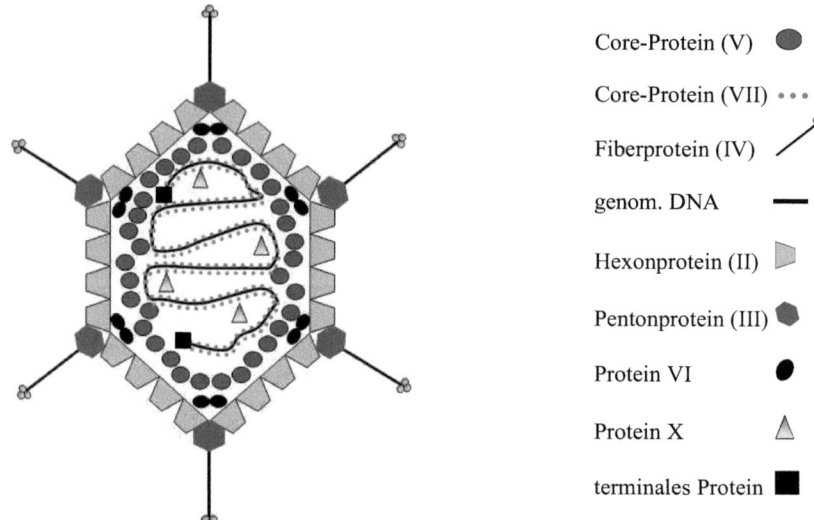

Abb. 6: **Aufbau eines Adenovirus mit seinen wichtigsten Strukturmerkmalen**
(vereinfacht nach San Martin und Burnett 2004)

Die allgemeine genomische Organisation sämtlicher Adenoviren ist ähnlich. Die lineare doppelsträngige DNA wird dabei in 100 gleich große Kartierungseinheiten, die als *map units* bezeichnet werden, unterteilt. An beiden Enden der genomischen DNA liegen inverse terminale Repetitionen (ITR) von 100-140bp Länge, mit den Polymerasebindungssequenzen für den Start der DNA-Replikation, gefolgt vom *cis*-agierenden Verpackungssignal Ψ. Dieses sorgt für die Interaktion der viralen genomischen DNA mit den verpackenden Proteinen bei der Assemblierung der Viruspartikel. Beide DNA-Stränge codieren für Proteine. Das Genom beherbergt dabei fünf frühe (*early*) Transkriptionseinheiten (*E1A, E1B, E2, E3* und *E4*), zwei verzögert frühe (*delayed early*) Transkriptionseinheiten (*IX* und *IVa2*) und eine späte (*major late*) Transkriptionseinheit, die ihrerseits in fünf Gruppen später mRNAs (*L1* bis *L5*) prozessiert wird. Die frühen Gene codieren für Proteine, die in die Regulation der viralen und zellulären Genexpression und die Replikation der viralen DNA involviert sind, oder immunmodulatorische Eigenschaften aufweisen, wohingegen die spät exprimierten Gene für adenovirale Strukturproteine codieren. (Horwitz 2001; Shenk 2001; Modrow et al. 2003; Mahy und van Regenmortel 2010).

1.3.2 Replikation der Adenoviren

Der adenovirale Replikationszyklus dauert in HeLa Zellen 20-24 Stunden und beginnt mit der Fiberprotein-vermittelten Adsorption der Viruspartikel an den primären Rezeptor. Für die Internalisierung der Virionen ist eine weitere Protein-Protein-Interaktion notwendig. Hierzu binden die Pentonbasisproteine über eine arg-gly-asp-Aminosäuresequenz (*RGD-Motiv*) an Integrine der Zellmembran ($\alpha_V\beta_1$, $\alpha_V\beta_3$, $\alpha_V\beta_5$ oder $\alpha_3\beta_1$), die als Internalisierungsrezeptoren eine clathrin-vermittelte Endocytose der Virionen auslösen. Durch die endosomale Ansäuerung und die virale L3-Cysteinprotease kommt es zur Freisetzung der Virionen ins Cytoplasma. Das Capsid wird schrittweise im Laufe des gesamten Internalisierungsprozesses abgebaut, dabei spielen Dissoziations- und proteolytische Vorgänge eine bedeutende Rolle. Über mikrotubuläre Transportmechanismen werden die viralen Restpartikel zum Zellkern befördert. Dort gelangt die adenovirale DNA über Kernporen schließlich in den Zellkern und verbleibt dort episomal. Die nun stattfindende adenovirale Genexpression wird in drei Phasen eingeteilt. Die frühe (*early*), die verzögert frühe (*delayed early*) und die späte (*late*) Phase. Das erste Gen, das ungefähr 3-5 Stunden nach der Infektion der Wirtszelle exprimiert wird, ist das *E1A*-Gen, dessen Genprodukt transaktivierend auf die Expression der anderen frühen Gene *E1B*, *E2A*, *E2B*, *E3* und *E4* wirkt und eine Expressionskaskade dieser Gene einleitet. Zusammen mit dem E1B-Protein ist das E1A-Protein auch an der Zelltransformation beteiligt. Letztere Funktion führt dazu, dass infizierte Zellen, die sich zum Zeitpunkt der Infektion in der G_0-Phase des Zellzyklus befinden, in die S-Phase des Zellzyklus eintreten und proliferieren. Die *E2*-Region codiert für virale Proteine, die für die DNA-Replikation benötigt werden. Hierzu gehören eine DNA-Polymerase, ein Bindeprotein für einzelsträngige DNA und das Vorläuferprotein des terminalen Proteins. Die Genprodukte der *E3*-Region reprimieren die Immunantwort des infizierten Organismus. Das glykosylierte 19kDa-Protein der *E3*-Region

Einleitung

verhindert so zum Beispiel die Translokation der MHC-I Moleküle an die Zelloberfläche, wodurch das wirtseigene Immunsystem umgangen wird. Ein weiteres Protein der *E3*-Region (E3-14,7K) verringert die Empfindlichkeit der Zellen für TNF-α-vermittelte Apoptose. E4-Genprodukte sind unter anderem in Kooperation mit viralen (E1A, E1B) und zellulären Proteinen an der Regulation der späten viralen Genexpression beteiligt. Sie bewirken eine verstärkte Expression viraler mRNA bei gleichzeitiger Unterdrückung der wirtseigenen Transkription. Zudem fördern die Genprodukte der *E4*-Region den Transport der viralen mRNA in das Cytoplasma und hemmen gleichzeitig den Export zellulärer Transkripte (Übersicht in: Shenk 2001). Die semikonservative Replikation des DNA-Genoms startet ungefähr 5-6 Stunden nach Beginn der Infektion und findet fortlaufend bis zum Tod der Wirtszelle statt. Die Genomvermehrung ist dabei abhängig von den inversen terminalen Repetitionen (ITR) an den Enden der DNA, die als *cis*-aktive Elemente wirken, und den 5´-kovalent gebundenen terminalen Proteinen, die als Primer für die Initiation der DNA-Synthese dienen. Schließlich wird die Expression der späten viralen Gene der *major late* Transkriptionseinheit (MLTU), die durch den „major late promoter" gesteuert werden, eingeleitet. Während der späten Phase der Infektion werden durch alternatives Spleißen eines 28kbp-RNA-Primärtranskripts mindestens 20 verschiedene mRNA-Moleküle prozessiert, die in fünf Gruppen (L1 bis L5) eingeteilt werden. Die mRNAs der MLTU haben an ihren 5´-Enden eine gemeinsame 200bp-umfassende nicht-codierende *tripartite leader* Sequenz, die eine Translationsinitiation unabhängig vom Cap-Binding Protein (CBP) Komplex (eIF-4F) ermöglicht (Dolph et al. 1990; Akusjärvi und Stévenin 2004). Die Gene der MLTU codieren dabei fast ausschließlich für Strukturproteine (z.B. Capsomere, Fiberproteine, Core-Proteine), die für die Assemblierung der Viruspartikel erforderlich sind. Die Strukturproteine werden in den Zellkern transportiert, wo anschließend der Zusammenbau infektiöser Virionen stattfindet. Bei der Capsidverpackung spielt das Verpackungssignal Ψ am linken ITR eine entscheidende Rolle. Der intranukleäre Zusammenbau infektiöser Virionen beginnt etwa 8h nach der Infektion und führt zur Bildung von 10^4-10^5 Nachkommenvirionen pro Zelle. In der Spätphase der Infektion erfolgt die Induktion der Apoptose, begleitet von der Freisetzung der neusynthetisierten Virionen. An der Apoptoseinduktion ist unter anderem das Protein E3-11,6K (*adenovirus death protein*) wesentlich beteiligt, das während der späten Phase der Infektion intrazellulär akkumuliert wird (Tollefson et al. 1996). (Horwitz 2001; Shenk 2001; Modrow et al. 2003; Volpers und Kochanek 2004; Mahy und van Regenmortel 2010).

1.3.3 Adenovirale Vektoren für die Gentherapie

Neben retroviralen Vektoren zählen adenovirale Vektoren (AdV) gegenwärtig zu den am häufigsten eingesetzten viralen Vektorsystemen in Studien zur somatischen Gentherapie (Thomas et al. 2003). So wurden bis zum Jahr 2011 in bislang 1714 weltweit registrierten klinischen Gentherapiestudien 23,7% mit AdV und 20,5% mit retroviralen Vektoren durchgeführt (*J Gene Med.* 2011, Stand: Juni 2011). Die zugrunde liegenden Adenoviren erfüllen dabei einige wichtige Kriterien, die sie für den Einsatz als Gentransfervektoren besonders prädestinieren. So dienten Adenoviren seit ihrer Entdeckung 1953 in der Grundlagenforschung als Modelsysteme zur Klärung zahlreicher zellbiologischer und molekularbiologischer Fragestellungen. Ihre Molekularbiologie, insbesondere der humanpathogenen Serotypen Ad2 und Ad5, wurde intensiv erforscht und gilt als gut charakterisiert. Bei der Entwicklung von Gentransfervektoren auf Adenovirusbasis wird die hocheffiziente Translokation der genomischen DNA in den Zellkern, der breite Tropismus für unterschiedliche Zelltypen, insbesondere das Potential postmitotische, ruhende Zellen zu infizieren, sowie die relativ geringe Pathogenität ausgenutzt (Danthinne und Imperiale 2000; Imperiale und Kochanek 2004). Da Adenoviren zudem leicht zu manipulieren sind und der Gentransfer im Vergleich zu anderen eingesetzten viralen Vektorsystemen sehr hoch ist, hielten sie Thomas et al. (2003) für das Mittel der Wahl für gentherapeutische Applikationen. Desweiteren werden adenovirale Vektoren als sichere Alternative zu retroviralen Vektoren betrachtet, weil ihre genomische DNA regulär nicht ins zelluläre Genom integriert wird (p ≤ 1:1000 bis 1:100000) und das Risiko insertionaler Mutationen dadurch vergleichsweise gering ist (Harui et al. 1999). Nicht zuletzt können adenovirale Vektoren in permissiven Zelllinien hochtitrig angezüchtet werden (10^{12} bis 10^{13} Vektoren pro ml).

1.3.3.1 Adenovirale Vektoren der ersten und zweiten Generation und onkolytische Adenoviren

Bei den AdV der ersten Generation wurde die *E1*-Region durch das therapeutische Transgen substituiert. Aufgrund des Verlusts der E1-Transaktivatorfunktion weisen diese Vektoren eine Replikationsdefizienz auf. Für die Amplifikation und Assemblierung *E1*-deletierter Vektoren muss die E1-Funktion durch eine komplementierende Verpackungszelllinie, wie die 1977 etablierte HEK-293 Linie, *in trans* zur Verfügung gestellt werden (Graham und Prevec 1995). Zur Erhöhung der Aufnahmekapazität für fremde DNA von maximal 5,1kbp wurde bei manchen Vektoren noch die *E3*-Region deletiert, wobei sich die Gesamtkapazität dieser Vektoren auf 8,2kbp vergrößerte (Danthinne und Imperiale 2000). Obwohl *E1*-deletierte Vektoren *in vivo* theoretisch replikationsdefizient sind, findet eine basale Expression der verbliebenen viralen Gene statt. Diese Eigenschaft der Vektoren ihre genomische DNA zu replizieren und die späten Gene zu exprimieren, wird dabei unter anderem dem zellulären Transkriptionsfaktor E2F zugeschrieben, der eine Genexpression der *E2*-Region ermöglicht (Kovesdi et al. 1986). Die Nachteile dieser Vektoren wurden letztlich in diversen Studien deutlich. Die basale Expression viraler Gene kann starke zytotoxische T-Zellimmunantworten gegen die transduzierten Zellen induzieren, was Entzündungsreaktionen und eine verkürzte Expressionsdauer des Transgens zur Folge hat (Yang et al. 1994; Dai et al. 1995; Lusky et al. 1998). Die Applikation eines AdV der ersten Generation in einem Gentherapieversuch zur Behandlung des Ornithin-Transcarbamylase-Mangels (OTC-Defizienz), einem Enzymdefekt im Harnstoffzyklus, führte 1999 zum Tod eines Probanden, nachdem eine schwere systemische Entzündungsreaktion (SIRS) aufgetreten war (Raper et al. 2002).

Um diese immunologischen Einschränkungen zu umgehen, wurden bei den adenoviralen Vektoren der zweiten Generation zusätzlich Deletionen in den *E2*- und *E4*-Regionen eingeführt. Dadurch konnte die Klonierungskapazität adenoviraler Vektoren auf bis zu 14kbp vergrößert werden. Vektoren der zweiten Generation konnten in manchen Studien eine reduzierte Antigenizität *in vivo* und eine erhöhte Persistenz des Transgens zeigen (Gao et al. 1996). Dennoch wurden die beobachteten Effekte kontrovers diskutiert (Brough et al. 1997). Letztlich konnten die Zweitgenerationsvektoren die Probleme der Immunogenität und der eingeschränkten Transgenkapazität nicht vollständig lösen (Imperiale und Kochanek 2004; Alba et al. 2005).

Eine Abwandlung der *E1*-deletierten Vektoren hat zur parallelen Entwicklung selektiv replizierender onkolytischer Adenoviren (Conditionally replicating adenoviruses, CRADs) für die Tumortherapie geführt. Deren bekanntester Vertreter *dl1520*, alias ONYX-015, ist durch eine Genmutation in der *E1B*-Region, die für das 55kDa E1B-Protein kodiert, charakterisiert. Normalerweise vermag E1B-55K das den Zellzyklus regulierende Tumorsuppressorprotein p53 zu binden und zu inaktivieren, was für eine effiziente Replikation der Adenoviren entscheidend ist. Es konnte gezeigt werden, dass ONYX-015 effizient in Tumorzellen mit mutiertem p53 repliziert und eine Lyse der Zellen bewirkt, dies in normalen, p53-positiven Zellen hingegen nicht der Fall ist (Bischoff et al. 1996). Die prinzipielle klinische Wirksamkeit von ONYX-015 (Khuri et al. 2000) und anderer onkolytischer Adenoviren (CG7060, Ad5-CD/TKrep) konnte in zahlreichen klinischen Phase I/II Studien gezeigt werden (Übersicht in: Lichtenstein und Wold 2004), die Funktionsweise ist momentaner Gegenstand der Forschung. Gegenwärtig befinden sich viele onkolytische Adenoviren in der experimentellen Entwicklung und Erprobung und stellen ein mögliches Konzept zur Behandlung maligner Tumoren dar (Jiang et al. 2009; Flak et al. 2010; Toth et al. 2010).

In China sind momentan bereits zwei kommerziell verfügbare onkolytische Adenoviren für die Krebsbehandlung zugelassen. Dabei exprimiert das eine Adenovirus den Tumorsupressor p53 und wurde 2003 zur Behandlung von Tumoren im Hals-Nasen-Ohren-Bereich unter dem Namen Gendicine® freigegeben (Peng 2005). Das andere, unter der Bezeichnung H101 vertriebene Adenovirus, ist hingegen ein *E1B*-deletiertes Adenovirus und wurde nach einer klinischen Phase III Studie zur Behandlung von Kopf- und Halstumoren zugelassen (Xia et al. 2004).

1.3.3.2 Adenovirale Vektoren der dritten Generation (HC-AdV)

Die Strategien zur Vektoroptimierung zielten neben einer weiteren Reduzierung der Immunogenität auch auf eine Erhöhung der Aufnahmekapazität für fremde DNA und führten zur Entwicklung der adenoviralen Vektoren der dritten Generation (Kochanek et al. 1996; Alba et al. 2005). Bei diesen Hochkapazitätsvektoren (HC-AdV), die auch als gutless Vektoren bezeichnet werden, sind alle codierenden viralen Bereiche, bis auf die *in cis* wirkenden Sequenzbereiche, die für die Verpackung und Replikation der Genome essentiell sind (ITR und Ψ), deletiert. Hierdurch konnte eine sehr große Aufnahmekapazität für fremde DNA von bis zu 36kbp erreicht werden. Da alle viralen Gene *in trans* zur Verfügung gestellt werden müssen, wird für die Propagation der Vektoren neben einer Verpackungszelllinie ein adenovirales Helfervirus benötigt. Das Helfervirus muss nach der Vektoramplifikation durch eine CsCl-Dichtegradientenzentrifugation, entsprechend der unterschiedlichen Dichte der Partikel, aus der Präparation entfernt werden. Aus diesem Grund ist die HC-AdV-Produktion gegenwärtig mit einem hohen technischen und zeitlichen Aufwand verbunden (Imperiale und Kochanek 2004; Volper und Kochanek 2004; Alba et al. 2005). In verschiedenen *in vivo* Studien zeigten HC-AdV eine deutlich verlängerte Transgenexpression und eine verminderte Toxizität im Vergleich mit Vektoren der ersten Generation. So konnten Kreppel et al. (2002) eine eGFP-Langzeitexpression mit HC-AdV über die Studiendauer von 6 Monaten am retinalen Pigmentepithel immunkompetenter Wistar-Ratten beobachten. Bei einem HC-AdV-vermittelten hepatischen Gentransfer des Gens *UGT1A1* in Gunn-Ratten, einem Modelsystem für das Crigler-Najjar-Syndrom, einer seltenen, autosomal-rezessiven Stoffwechselerkrankung der Leber, konnten für mehr als zwei Jahre stabile Genexpressionen festgestellt werden (Toietta et al. 2005). In ihrer Publikation von 2009 berichteten Brunetti-Pierri et al. sogar von einer stabilen hepatischen bAFP-Genexpression, einem sekretierten Markerprotein, in Pavianen für mehr als 900 Tage.

Einleitung

Um das Potential adenoviraler Vektoren für *in vivo* Applikationen weiter zu vergrößern, wurden in den letzten Jahren zunehmend Methoden entwickelt, um einerseits den Zelltropismus der Vektoren zu beeinflussen (*targeting* und *retargeting* Strategien) und andererseits die Immunogenität der Vektoren zu minimieren, um diese vor zirkulierenden anti-AdV-Antikörpern zu schützen (*stealthing* Strategien). Dabei wurden verschiedene Ansätze zur Modifikation der Capside verfolgt. Strukturelle Änderungen der Capside konnten unter anderem durch genetische Modifikationen (z.b. Pseudotypisierung) oder durch chemische Kopplungen synthetischer Polymere (z.B. Polyethylenglykol, poly-HPMA) und Antikörper an die Capside erzielt werden (Übersicht in: Campos und Barry 2007).

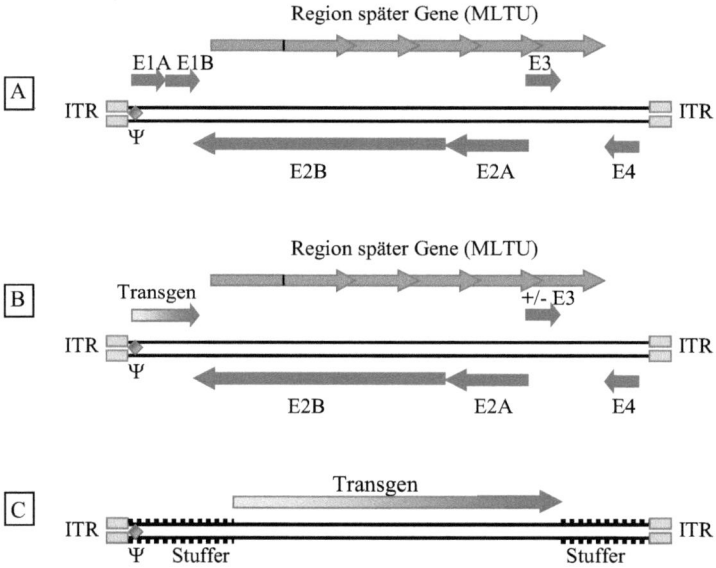

Abb. 7: **Genomische Organisation von Ad5 und verschiedenen Ad5-abgeleiteten Vektoren** (vereinfacht nach Volpers und Kochanek 2004)

Dargestellt ist die Lage und Transkriptionsrichtung der frühen (*E1A, E1B, E2, E3, E4*) und späten (*MLTU*) Transkriptionseinheiten (A). Adenovirale Vektoren der ersten Generation weisen eine Deletion der frühen *E1*-Region auf. Ergänzend wurde zum Teil noch die frühe *E3*-Region deletiert (B). Bei Hochkapazitätsvektoren der dritten Generation ist die gesamte codierende Virussequenz deletiert und kann durch große heterologe DNA-Fragmente ersetzt werden. Zusätzliche funktionslose Füllsequenzen (Stuffer) erhöhen die Genomgröße, um eine effiziente Verpackung und Propagation in adenoviralen Verpackungssystemen zu gewährleisten (C). (ITR) inverse terminale Repetitionen; (Ψ) Verpackungssignal.

1.3.3.3 Adenovirus-Hybridvektoren

In dem Bestreben nach verbesserten, effizienteren viralen Gentransfersystemen wurden in den letzten Jahren Hybridvektoren konstruiert, die die Vorteile verschiedener Vektorsysteme kombinieren sollen (Müther et al. 2009). So sind die Grenzen der somatischen Gentherapie mit adenoviralen Hochkapazitätsvektoren (HC-AdV) darin zu sehen, dass nur in postmitotischen ausdifferenzierten Geweben wie der Leber, dem Auge oder Gehirn eine langfristige Transgenexpression erreicht werden kann, wohingegen in teilungsaktiven Geweben die nicht-integrierenden, episomal vorliegenden HC-AdV-Genome rasch verloren gehen und daraus transiente Genexpressionen resultieren. Um stabile Transgenexpressionen zu erreichen, wurden auf HC-AdV-Basis Adenovirus-Lentivirus- (Kubo und Mitani 2003), Adenovirus-Gammaretrovirus- (MuLV) (Soifer et al. 2002) oder Adenovirus-Retrotransposon- (Soifer et al. 2001) Hybridvektoren entwickelt. Darüber hinaus wurden HC-AdV-AAV-Hybridvektoren konstruiert (Shayakhmetov et al. 2002; Wang und Lieber 2006), die über das AAV Rep68/78- Protein die spezifische Integration eines AAV-ITR flankierten Transgens in das humane Chromosom 19 ermöglichen. Gallaher et al. (2009) berichteten über ein HC-AdV-EBV-Hybridvektorsystem, das Elemente des Epstein-Barr Virus sowie einen humanen Replikationsursprung trägt und den Vektoren ein EBV-homologes Latenzverhalten in proliferierenden Zellen verleiht. Schließlich wurden auch schon Foamyvirus-Adenovirus-Hybridvektoren in der Literatur beschrieben (Picard-Maureau et al. 2004). Die Tetracyclin-regulierbaren Foamyvirus-Adenovirus-Hybridvektoren dieser Arbeit sollen dabei die Vorteile von foamyviralen Vektoren (Apathogenität *in vivo*; günstiges Integrationsmuster im Vergleich zu anderen retroviralen Vektoren) mit denen der adenoviralen Vektoren (effiziente, Zellzyklus-unabhängige Transduktion; Möglichkeit der Capsidmodifikation) für *in vivo* Applikationen vereinen.

Einleitung

1.4 Rheumatoide Arthritis

1.4.1 Pathophysiologie und Bedeutung von Interleukin-1

Die rheumatoide Arthritis (RA) gilt weltweit als die häufigste systemische Autoimmunerkrankung, die primär die peripheren Gelenke und im weiteren Verlauf aber auch andere Organe betreffen kann. Die Prävalenz beträgt zwischen 0,5 bis 1,0% der Bevölkerung, wobei Frauen vier bis neunmal häufiger betroffen sind als Männer. Die Erkrankung manifestiert sich zwischen dem zweiten und sechsten Lebensjahrzehnt. Statistisch gesehen wird die Lebenserwartung dabei um fünf bis zehn Jahre vermindert (Bernhard und Villiger 2001; Wehling 2005). Im Zentrum der RA-Pathologie steht das chronisch entzündete Synovialgewebe des Gelenks. Anatomisch gesehen stellt das Synovium eine dünne mehrlagige Gewebsschicht aus Synovialzellen dar, die den Gelenkinnenraum auskleidet und die viskose, reibungsmindernde Synovialflüssigkeit bildet (Faller und Schünke 2008). Infolge einer synovialen Hyperplasie kommt es zur Ausbildung einer charakteristischen Bindegewebswucherung, die als Pannus bezeichnet wird. Die aus der Entzündung resultierende progressive Gelenksdestruktion kann schließlich zur völligen Funktionseinbuße des Gelenks führen. Trotz intensiver Forschungen auf dem Gebiet konnten die äußerst komplexen pathogenetischen Mechanismen und Ursachen der RA noch nicht endgültig geklärt werden. Man geht deshalb von einem multifaktoriellen Krankheitsgeschehen aus, bei dem eine Vielzahl von genetischen und nicht-genetischen Faktoren eine Rolle spielen. So wird eine familiäre Häufung ebenso beobachtet, wie eine 15-20% Konkordanz bei monozygoten Zwillingen. Es konnte gezeigt werden, dass bestimmte HLA-Allele (z.B. HLA-DRB1*0401 und HLA-DRB1*0405) bei der Ausprägung der RA gehäuft auftreten (Goronzy und Weyand 2009). Neben einer genetischen Prädisposition werden unbekannte, exogene Antigene als Auslöser der komplexen Kaskade entzündlicher Prozesse bei der RA vermutet (Bernhard und Villiger 2001; Wehling 2005). Diskutiert werden neben viralen (z.B. Epstein-Barr Virus) oder bakteriellen Antigenen, unter anderem Xenobiotika (z.B. Zigarettenrauch), aber auch verschiedene sozioökonomische Faktoren als auslösendes Agens (Oliver und Silman 2006).

Letztlich sind an der Pathogenese der RA einerseits in die Gelenke eingewanderte aktivierte Immunzellen wie T-Zellen, B-Zellen sowie Makrophagen und andererseits gewebsresidente, nichtimmunologische Zellen wie synoviale Fibroblasten (RA-SF), Chondrocyten und Osteoklasten involviert. Sie alle sind im entzündeten Gelenk miteinander vergesellschaftet, beeinflussen sich gegenseitig durch lösliche Mediatoren (Cytokine) oder direkte Zell-Zell-Kontakte und bewirken eine Amplifizierung und Chronifizierung der Entzündung (Karouzakis et al. 2006).

Einleitung

Die Arbeiten der letzten Jahre haben dabei verstärkt die zentrale Bedeutung der synovialen Fibroblasten (RA-SF) für das Fortschreiten der gelenksdestruierenden Prozesse bei der RA erkennen lassen. Infolge der zellulären Aktivierung zeigen diese Zellen eine Hyperproliferation und entwickeln einen invasiven, tumorähnlichen Phänotyp. Die durch die RA-SF exprimierten matrixdegradierenden Enzyme und Entzündungsmediatoren werden für die progressive Gelenkdestruktion hauptverantwortlich gemacht (Müller-Ladner et al. 2005; Karouzakis et al. 2006; Moritz et al. 2006). Ferner konnte jüngst an SCID-Mäusen gezeigt werden, dass RA-SF von erkrankten Gelenken über den Blutkreislauf in gesunde Gelenke auswandern und so zur systemischen Ausbreitung der RA führen können (Lefèvre et al. 2009).

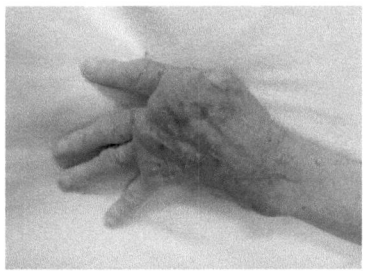

Abb. 8: **RA-Patient mit typischer Handdeformation**
(Abbildung aus Wikipedia, Copyright freies Foto)

Innerhalb des vielschichtigen Cytokinnetzwerkes konnten TNF-α und IL-1, zwei Cytokine mit potenter proinflammatorischer Wirkung, als zentrale Mediatoren bei der RA erkannt werden. TNF-α und IL-1 werden primär von Makrophagen, aber auch von aktivierten T-Zellen, Chondrocyten und RA-SF im Gelenk sezerniert (Karouzakis et al. 2006; Barksby et al. 2007). Besonders IL-1 und der natürlich vorkommende Antagonist IL-1Ra, die in die Interleukin-1 Familie mit gegenwärtig elf charakterisierten Cytokinen (IL-1FI bis IL-1F11) eingeordnet werden, sind in den letzten Jahren verstärkt in den Fokus der Forschung gerückt (Abramson und Amin 2002; Barksby et al. 2007).

Die IL-1 Konzentration im Plasma ist in RA-Patienten signifikant höher als in gesunden Personen und korreliert mit der Schwere der Erkrankung (Abramson und Amin 2002). Es konnte gezeigt werden, dass IL-1 pleiotrope Effekte bei der Pathogenese der RA aufweist und maßgeblich am progressiven Fortschreiten des Gelenkumbaus bei der RA beteiligt ist. So stimuliert IL-1 die Produktion matrixabbauender, kataboler Enzyme (z.B. Metalloproteinasen wie Collagenasen, Gelatinasen, oder Stromelysine) und steigert ferner die Synthese von entzündungsfördernden

Prostaglandinen (PGE$_2$) und Cytokinen in RA-SF. Daneben reprimiert IL-1 die Expression Apoptose-regulierender Proteine (z.B. Caspase-3 und Bcl-xL) in RA-SF und trägt so zur Suppression der Apoptose und dem tumorähnlichen Verhalten bei (Jeong et al. 2004). Weiterhin reduziert IL-1 die Collagen II- und Aggrecansynthese der Chondrozyten im hyalinen Knorpel und induziert die Knochenresorption gelenknaher Osteoklasten. Daneben fördert es die Migration von Immunzellen ins Gelenk (Barksby et al. 2007). Auf zellulärer Ebene vermittelt IL-1 seine pleiotropen biologischen Effekte über die Bindung an den membranständigen IL-1 Rezeptor Typ I (IL-1RI), der über komplexe intrazelluläre Signaltransduktionskaskaden unter anderem zur Translokation von NF-κB in den Zellkern führt. Dort induziert NF-κB die Transkription einer Vielzahl von Genen, die an der Kontrolle der Zellproliferation und Immunantwort beteiligt sind, was somit eine unmittelbare Erklärung der pathophysiologischen Effekte von IL-1 bei der RA liefert (Martin und Wesche 2002; Barksby et al. 2007).

Zusammenfassend konnte gezeigt werden, dass die Akkumulation und Hyperaktivierung von Entzündungszellen sowie die Aktivierung und Proliferation ortsständiger Zellen in einem komplexen Pathogeneseprozess zu einer chronisch-entzündlichen Gelenkdestruktion führen, bei der IL-1 eine dominierende Schlüsselrolle einnimmt (Abramson und Amin 2002).

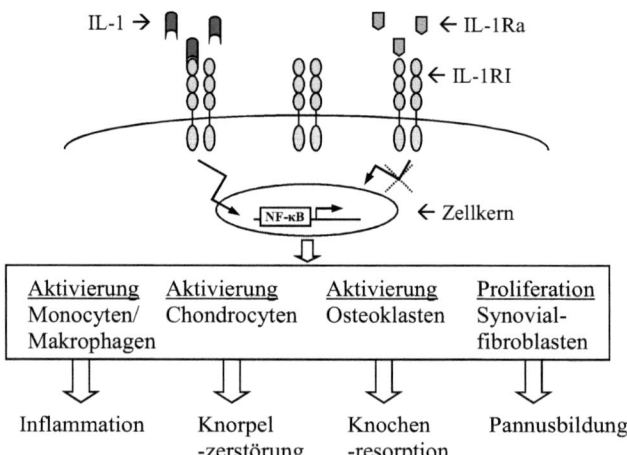

Abb. 9: **Schematischer Überblick über die Signaltransduktion vom IL-1RI-Komplex zu NF-κB und proinflammatorische Effekte von IL-1 bei der RA**

NF-κB wird durch IL-1 aktiviert und induziert die Transkription von Genen, die an der Zellproliferation, Apoptose sowie an Immunreaktionen beteiligt sind. IL-1Ra bindet am IL-1RI, führt aber nicht zur Aktivierung der Zelle.

1.4.2 Blockade von IL-1 durch IL-1Ra und somatische Gentherapiestudien

Der natürlich vorkommende IL-1 Rezeptorantagonist (IL-1Ra) kann die Bindung von IL-1 an den IL-1RI kompetitiv inhibieren, wodurch die pathophysiologische Aktivität von IL-1 neutralisiert wird. Neben drei intrazellulären Isoformen, deren biologische Funktion bisher spekulativ ist, kommt IL-1Ra in einer sekretierten extrazellulären Isoform von 22-25kDa vor (Arend und Guthridge 2000). Diese biologisch aktive Isoform wird neben Makrophagen oder neutrophilen Granulocyten auch von Synovialzellen sezerniert (Abramson und Amin 2002). Bei der RA ist die Konzentration des endogen gebildeten IL-1Ra im Gelenk jedoch zu gering, um das proinflammatorische IL-1 wirksam zu antagonisieren (Firestein et al. 1994; Fujikawa et al. 1995). Weil bereits durch wenige IL-1 besetzte Rezeptoren eine biologische Antwort der Zellen induziert wird („spare receptor"-Effekt), muss IL-1Ra in zehn- bis einhundertfachem Überschuss vorliegen, um die Bindung von IL-1 hinreichend zu blockieren (Abramson und Amin 2002; Arend und Gabay 2004). Die Bedeutung von IL-1Ra bei der Aufrechterhaltung der immunologischen Homöostase sowie bei der Pathogenese der RA konnte unter anderem im Tierversuch an IL-1Ra-Knockout Mäusen mit einem BALB/cA Hintergrund gezeigt werden. Innerhalb von vier Monaten entwickelten sich bei allen Tieren spontan die typischen Charakteristika einer RA (Horai et al. 2000).

Nachdem rekombinant hergestelltes, nicht-glykosyliertes humanes IL-1Ra in verschiedenen klinischen Studien eine gute Wirksamkeit bei der Behandlung der RA demonstrieren konnte, wurde IL-1Ra im Jahr 2001 als Arzneimittel unter dem Namen Anakinra (Handelsname: Kineret®) in den USA und ein Jahr später als Kombinationstherapie mit Methotrexat auch in Europa freigegeben (Bresnihan 2002; Cohen et al. 2002; Fleichmann et al. 2003). Kineret® zählt zur Gruppe der sogenannten Biologicals und muss aufgrund der kurzen Halbwertszeit von 4-6 Stunden täglich subkutan injiziert werden (Wehling 2005). Da sich hieraus einerseits unweigerlich Compliance-probleme entwickeln können, andererseits häufig mit Hautreaktionen im Bereich der Injektionsstellen zu rechnen ist (Wehling 2005) und darüber hinaus die langfristigen Kosten einer Behandlung mit Kineret® nicht zu unterschätzen sind, wurden in jüngster Vergangenheit verstärkt die Möglichkeiten einer somatischen IL-1Ra-Gentherapie diskutiert (Bessis et al. 2002; Robbins et al. 2003; Evans et al. 2006 und 2009).

Bei somatischen, gentherapeutischen RA-Behandlungsstrategien kann grundsätzlich zwischen lokalen und systemischen Ansätzen bezüglich der Applikation des therapeutischen Transgens unterschieden werden. Den bisher durchgeführten präklinischen und klinischen Studien zu IL-1Ra lagen regulär lokale Applikationsformen zugrunde. Hierbei ist das Synovium im Gelenkinnenraum das Zielgewebe des IL-1Ra-Gentransfers. Einerseits ist das Verteilungsvolumen des sekretierten, kontinuierlich synthetisierten, transgenen IL-1Ra bei einem lokalen Gentransfer kleiner, wodurch sich örtlich höhere Konzentrationen im Gelenk erzielen lassen, und andererseits wird das Risiko unerwünschter systemischer Nebenwirkungen (Transduktion von Nichtzielgeweben etc.) reduziert (Bessis et al. 2002; Ghivizzani et al. 2002; Robbins et al. 2003; Evans et al. 2006 und 2009).

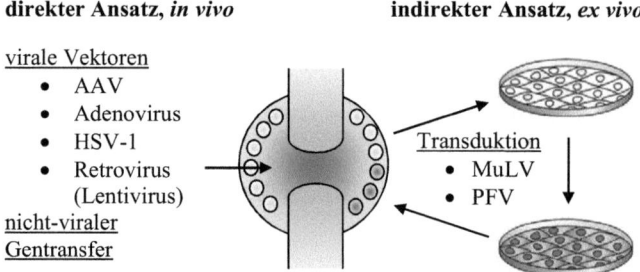

Abb. 10: **Möglichkeiten einer lokalen, intraartikulären IL-1Ra-Gentherapie**
(modifiziert nach Robbins et al. 2003)

Hinsichtlich der lokalen Applikationsform kann wiederum zwischen *in vivo* Ansätzen, bei denen das Vektorsystem direkt intraartikulär injiziert wird, und *ex vivo* Ansätzen differenziert werden. Bei indirekten *ex vivo* Ansätzen werden Synovialzellen aus dem Gelenk entnommen, *in vitro* kultiviert und nach der Übertragung des Transgens schließlich reimplantiert. Die transduzierten, autologen Synovialzellen siedeln sich im Synovium an und synthetisieren das therapeutische Transgen (Otani et al. 1996). Das Verfahren bietet sich für virale Vektoren an, die nur proliferierende Zellen effektiv transduzieren können (z.B. gammaretrovirale Vektoren) (Thomas et al. 2003; Pagès et al. 2004).

Einleitung

In einer der ersten präklinischen Studien konnten Bandara et al. bereits 1993 das protektive Potential eines IL-1Ra-Gentransfers am Kaninchen zeigen. Dabei wurden den Tieren Synovialzellen entnommen und mit einem MuLV-Vektor, der den humanen IL-1Ra (hIL-1Ra) codierte, *ex vivo* transduziert. Nach Reimplantation der Synovialzellen konnte zum einen die Expression von hIL-1Ra im Gelenk erfolgreich nachgewiesen werden. Zugleich zeigten die transplantierten Tiere nach zellvermittelter Stimulation mit humanem IL-1β signifikant weniger eingewanderte Immunzellen im Gelenk als eine Kontrollgruppe. Weiterhin konnte der Einfluss des Immunsystems bei der Dauer der Transgenexpression gezeigt werden. Synovialtransplantationen von Allografts ins Gelenk resultierten in transienten hIL-1Ra-Expressionen von zwölf Tagen, wohingegen bei Autografts hIL-1Ra-Expressionen von bis zu fünf Wochen beobachtet wurden. Von ähnliche Ergebnisse mit einem MuLV-Vektor berichteten Otani et al. in ihrer Studie von 1996 (Bandara et al. 1993; Otani et al. 1996).

Seitdem wurden diverse virale Vektorsysteme auch nach direkter intraartikulärer Injektion auf ihre Wirksamkeit im Tierversuch erfolgreich getestet (Evans et al. 2009). So wurden *in vivo* Studien mit AAV-Vektoren (Pan et al. 2000; Kay et al. 2009), adenoviralen Vektoren der ersten Generation (Roessler et al. 1994; Bakker et al. 2001; Hur et al. 2006; Gouze et al. 2007), lentiviralen Vektoren (Gouze et al. 2002 und 2003) und HSV-1 basierenden Vektoren (Oligino et al. 1999) durchgeführt. Um eine sensitive Quantifizierung des intraartikulär exprimierten Transgens zu erreichen, das nicht von endogenem IL-1Ra der Versuchstiere überlagert wird, codierten die Vektoren dieser publizierten Studien generell für den humanen IL-1Ra. In den Arthritis-Tiermodellen berichteten die Autoren übereinstimmend von protektiven Effekten des xenogenen hIL-1Ra-Transfers. Unabhängig vom verwendeten Vektorsystem konnten Transgenexpressionen bei immunkompetenten Tieren allerdings niemals über einen längeren Zeitraum als vier bis sechs Wochen nachgewiesen werden (Evans et al. 2006; Gouze et al. 2007). So stellten Gouze et al. (2002) nach einem lentiviralen Gentransfer von hIL-1Ra in immunkompetenten Wistar-Ratten eine transiente, stetig abfallende hIL-1Ra-Expression von maximal zwanzig Tagen fest. In immundefizienten Nacktratten konnten hingegen persistierende und signifikant höhere hIL-1Ra-Expressionen für sechs Wochen beobachtet werden. In ihrer Publikation von 2007 konnten Gouze et al. die Bedeutung des Immunsystems für die Dauer der Transgenexpression experimentell bestätigen. In dieser Studie applizierten sie in die Kniegelenke immunkompetenter Wistar-Ratten lentivirale Vektoren (LV) bzw. adenovirale Vektoren (AdV) der ersten Generation, die einen isogenen löslichen TNF-α Rezeptor (sTNFRII) codierten. Infolge des sTNFRII-Gentransfers exprimierten die Tiere anfangs deutlich mehr sTNFRII als eine unbehandelte Kontrollgruppe. Nach drei Wochen waren in den AdV-behandelten Ratten die sTNFRII-Spiegel auf das Niveau der Kontrolltiere abgesunken. Aufgrund der basalen Genexpression viraler Gene der AdV waren die transduzierten Synovialzellen durch zytotoxische T-Zellen eliminiert worden. In den LV-behandelten Tieren konnten hingegen auch nach einem halben Jahr gesteigerte sTNFRII-Expressionen nachgewiesen werden. Die Ergebnisse dieser Arbeit bewiesen, dass lentivirale Transgenkassetten für bis zu einem halben Jahr in Synovialzellen transkriptionell aktiv sind und unterstrichen die Bedeutung einer möglichst geringen Immunogenität des viralen Vektors und des exprimierten Transgens für eine erfolgreiche langfristige RA-Gentherapie. Ein anderer wichtiger Aspekt dieser Publikation war, dass Gouze et al. durch einen eGFP-Gentransfer in die Kniegelenke von Nacktratten zwei phänotypisch unterschiedliche Subpopulationen transduzierter Synovialzellen charakterisieren konnten. Der überwiegende Teil (75%) der transgenen Zellen (CD90$^+$) zählte dabei zu einer transienten Population mit einer mittleren Lebenszeit von weniger als drei Wochen. Demgegenüber zeigte sich nur der kleinere Anteil der transgenen Zellen als stabile langlebige Zellpopulation. Daraus zogen Gouze et al. die Schlussfolgerung, dass für stabile *in vivo* Transgenexpressionen die viralen Vektoren besser in die Bänder oder Sehnen appliziert werden sollten, um dortige Fibroblasten zu transduzieren (Gouze et al. 2007).

Zwei klinische Studien der Phase I, die auf einem MuLV-vermittelten *ex vivo* Transfer von hIL-1Ra in autologe Synovialfibroblasten beruhten, haben gezeigt, dass RA-Gentherapien auch am Patienten grundsätzlich möglich sind. In der Studie von Evans et al. konnte an neun Personen gezeigt werden, dass hIL-1Ra-transgene Synovialfibroblasten sicher in die Fingergelenke der Mittelhand (Metakarpophalangealgelenke, MCP) der Patienten eingebracht werden konnten und bis zum Ende der Studie, die mit der chirurgischen Entfernung der Gelenke nach einer Woche einherging, eine Transgenexpression zeigten (Evans et al. 2005). Mit gutem Erfolg konnten auch in Deutschland zwei RA-Patienten an den MCP-Gelenken behandelt werden. Beide Probanden reagierten auf den Gentransfer mit deutlichen Verbesserungen der klinischen Symptome (reduzierte Schwellung und subjektiv verminderter Schmerz) für den gesamten Zeitraum der Studie von vier Wochen. Schwere Nebenwirkungen wurden nicht beobachtet (Wehling et al. 2009).

1.5 Gegenstand und Zielstellung der vorliegenden Arbeit

1.5.1 Konstruktion Tetracyclin-regulierbarer Foamyvirus-Adenovirus-Hybridvektoren (FAD) für die Expression des Interleukin-1 Rezeptorantagonisten

Mit der Konstruktion eines Tetracyclin-regulierbaren Foamyvirus-Adenovirus-Hybridvektorsystems (FAD) zur Expression des antiinflammatorischen Interleukin-1 Rezeptorantagonisten (IL-1Ra) sollte ein effizientes Werkzeug zur direkten *in vivo* Gentherapie bei der rheumatoiden Arthritis geschaffen werden. Die in dieser Arbeit generierten Konstrukte bauen dabei prinzipiell auf den Vorarbeiten des FAD-2-Systems (Picard-Maureau et al. 2004) auf. Der konzeptionelle Gedanke, welcher der Entwicklung des FAD-Systems zugrunde lag, war, die Vorteile adenoviraler Vektoren mit denen der foamyviralen Vektoren zu kombinieren. So können adenovirale Vektoren verglichen mit foamyviralen Vektoren in sehr hohen Titern (bis zu 10^{12} infektiöse Partikel pro ml (iu/ml)) produziert werden und besitzen darüber hinaus eine deutlich höhere physikalische Stabilität gegenüber thermischen Einflüssen. Weiterhin können adenovirale Vektoren ein breites Spektrum unterschiedlicher Zelltypen mit hoher Effektivität unabhängig vom Zellzyklus transduzieren. Chemische oder genetische Modifikationen adenoviraler Capsidproteine ermöglichen zudem den Tropismus der Vektoren gezielt zu beeinflussen, oder die Vektoren vor dem Einfluss des adaptiven Immunsystems zu tarnen (Campos und Barry 2007). Adenovirale Gentransfervektoren der dritten Generation (Hochkapazitätsvektoren) weisen ferner eine hohe Verpackungskapazität für fremde DNA von bis zu 36kbp auf, die jedoch regulär nicht in das Zellgenom integriert wird und aus diesem Grunde nur transient exprimiert wird (Alba et al. 2005). Foamyvirale Vektoren (PFV) hingegen können ihre provirale DNA stabil ins zelluläre Genom integrieren und ermöglichen so eine Langzeitexpression des Transgens. Letztlich sollen FAD-Vektoren die Herstellung von regulär integrierenden und in hohen Titern produzierbaren Gentransfervektoren auf Basis eines adenoviralen Hochkapazitätsvektors vom Serotyp 5 (HC-AdV5) ermöglichen.

Nachfolgend sei kurz auf den putativen Transduktionszyklus des FAD-Hybridvektorsystems eingegangen (1.5.2).

1.5.2 Postulierter Transduktionszyklus der FAD-Vektoren

Nach der Adsorption an seinen zellulären Rezeptor werden die FAD-Vektoren über Clathrin-abhängige Endocytose von den Zellen internalisiert. Die Ansäuerung in den Endosomen führt zur Aktivierung einer Cysteinprotease, die mit dem adenoviralen Protein pVI assoziiert ist. In der Folge lösen sich die endocytotischen Vesikel auf und die Vektoren werden unter Verlust der Fiber- und Petonbasisproteine ins Zytoplasma freigesetzt. Die Restcapside gelangen an Mikrotubuli zu den Kernporen und die FAD-Genome werden schließlich in den Zellkern importiert (Horwitz 2001; Shenk 2001; Modrow et al. 2003).

Im Zellkern ermöglicht der konstitutiv aktive Promotor eine transiente Expression des Transgens. Parallel dazu wird der reverse Tetracyclin-abhängige Transaktivator (rtTA) unter Kontrolle des hCMV immediate-early Promotors exprimiert. Die Expression der integrierten PFV-Vektorkassette wird von einem Tetracyclin-induzierbaren Promotor mit rtTA-Bindestellen (TRE) reguliert (Gossen et al. 1995). In Anwesenheit von Doxycyclin, einem Tetracyclinderivat, bindet der rtTA an das TRE und aktiviert die Transkription. In Abwesenheit von Doxycyclin kann der rtTA hingegen nicht an das TRE des Tet-Promotors binden, wodurch die Transkriptionsaktivierung unterbleibt (Tet-On-Prinzip). Die Induktion durch Doxycyclin führt zur Synthese von PFV-Gag-, -Pol- und -Env-Proteinen und zur Transkription von PFV-Vektor-RNA. Nach der Partikelmorphogenese im Zytoplasma und reverser Transkription der PFV-Vektor-RNA können die Capside über intrazelluläre Retrotransposition (IRT) in den Zellkern zurückgelangen und die Zelle stabil transduzieren, oder assoziieren mit PFV-Env und werden von der Zelle freigesetzt. In einer sekundären Transduktionsrunde können die neu gebildeten replikationsinkompetenten foamyviralen Vektoren dann weitere Zielzellen stabil transduzieren (Abb. 11).

Die Funktion der therapeutischen FAD-Hybridvektoren sollte in Zellkulturexperimenten und im Ratten-Tiermodell evaluiert werden.

Einleitung

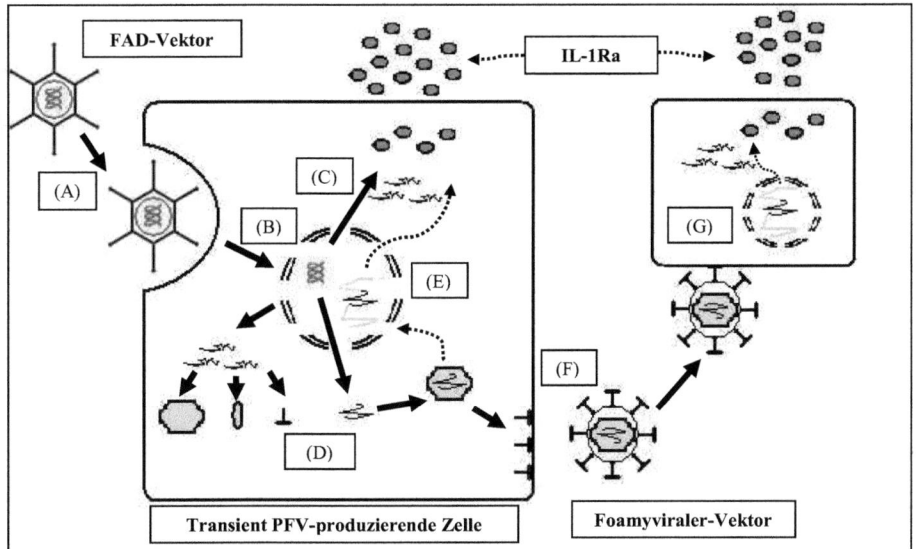

Abb. 11: **Transduktionszyklus von therapeutischen FAD-Vektoren**

Nach der Adsorption eines FAD-Vektors und der nachfolgenden Penetration der Zielzelle (A), wird das FAD-Vektorgenom in den Zellkern transloziert (B) und das Transgen IL-1Ra konstitutiv exprimiert (C). Die Anwesenheit von Doxycyclin ermöglicht die regulierte Expression von PFV-Gag, -Pol und -Env sowie der Transkription von PFV-Vektorgenomen vom FAD-Vektorgenom (D). Die Partikelmorphogenese der foamyviralen Vektoren findet im Zytoplasma statt. PFV-Capside können über intrazelluläre Retrotransposition (IRT) in den Zellkern zurückgelangen und die Zelle stabil transduzieren (E), oder assoziieren mit PFV-Env und werden von der Zelle freigesetzt (F). In einer Sekundärtransduktion können diese foamyviralen Vektorpartikel Zielzellen stabil transduzieren. Die Integration des Transgens ermöglicht dessen Langzeitexpression (G).

2. Material

2.1 Zelllinien

A549	humane Lungenepithelzelllinie, ATCC # CCL-185
BHK-21	Hamster-Nierenfibroblastenzelllinie, ATCC # CCL-10
CHO-K1	chinesische Hamster-Ovarialzelllinie, ATCC # CCL-61
HEK-293T	humane embryonale Nierenzelllinie, die SV-40 großes T-Antigen stabil exprimiert (DuBridge et al. 1987), ATCC # CRL-11268
HeLa	humane Cervixepithelzelllinie, ATCC # CCL-2
HepG2	humane Leberkarzinomzelllinie, ATCC # HB-8065
hMSC-TERT4	adulte humane mesenchymale Stammzelllinie (Simonsen et al. 2002)
HT1080	humane Fibroblastenzelllinie, ATCC # CCL-121

2.2 Bakterienstämme

E. coli Top10f'	Arbeitsgruppe, chemisch kompetent (Maxipräparation von Plasmiden)
E. coli XL-10 Gold	Stratagene, ultrakompetent (Transformation großer Plasmide, +25kbp)

2.3 Plasmide

pcDNA3.1™ (+)	Invitrogen, eukaryotischer Expressionsvektor
pBluescript® II KS (-)	Stratagene, Phagemid-Klonierungsvektor
pcoPG4	Lindemann et al., codonoptimiertes PFV-Verpackungsplasmid exprimiert PFV-*gag*
pcoPPwt	Lindemann et al., codonoptimiertes PFV-Verpackungsplasmid exprimiert PFV-*pol*
pcoPE	Lindemann et al., codonoptimiertes PFV-Verpackungsplasmid exprimiert PFV-*env*
pMD09	PFV-Vektorplasmid (Heinkelein et al. 2002)
pFAD02	Foamyvirus-Adenovirus Hybrid Vektorplasmid (Picard-Maureau et al. 2004)
pEF-DEST51 Gateway™	Invitrogen, Plasmid codiert humanen eEF-1α-Promoter (Mizushima und Nagata 1990)
pCMV-SPORT6	Celera cDNA Klon, codiert IL-1Ra, human (Klon ID 30915586)
pExpress-1	I.M.A.G.E. cDNA Klon, codiert IL-1Ra, rat (NIH_MGC_231)

pMH87tet   Tet-induzierbarer PFV-Expressionsvektor, exprimiert eGFP

2.4 Enzyme, Nukleinsäuren und Längenstandards

2.4.1 Enzyme

Thermosensitive alkalische Phosphatase (FastAP™) (1U/µl)	Fermentas
KAPA HiFi™ DNA-Polymerase	Kapa Biosystems
Restriktionsendonukleasen	Fermentas/ NEB
T4 DNA-Ligase (1U/µl)	Fermentas
Taq 2x Master Mix	NEB
iScript™ cDNA Synthese Kit	Bio-Rad
Big Dye® Terminator V1.1 Cycle Sequencing Kit	Applied Biosystems
Fluorescein (1mM)	Bio-Rad
QuantiFast™ SYBR Green PCR Kit	Qiagen

2.4.2 Reaktionspuffer

Puffer Tango, Orange, Blue, Red (10x)	Fermentas
Puffer 1, 2, 3, 4 (10x)	NEB
T4 DNA-Ligasepuffer (10x)	Fermentas
BSA (10mg/ml)	NEB
KAPA HiFi™ - Puffer mit $MgCl_2$	Kapa Biosystems
Q-Solution (5x)	Qiagen
CoralLoad Fast Cycling Dye (10x)	Qiagen

2.4.3 DNA-Fragmentlängenstandards

MassRuler™ Low Range DNA Ladder	Fermentas
FastRuler™ Middle Range DNA Ladder	Fermentas
MassRuler™ High Range DNA Ladder	Fermentas

2.4.4 Protein-Längenstandards

PageRuler Prestained Protein Ladder	Fermentas
Biotinylated Protein Ladder	Cell Signaling Technology

2.5 Sonstige Reagenzien

BD GolgiPlug™	Becton Dickinson
Cytofix/Cytoperm™	Becton Dickinson
Human IL-1beta (10ng/µl)	R&D Systems
Collagenase NB 4	Serva

2.6 Medien

2.6.1 Zellkultivierung

DMEM, Dulbecco's Modified Eagle Medium - High Glucose	Invitrogen
DMEM, Ham´s F12 Medium	PAA
MEM, Minimum Essential Medium	Medienküche, VIM
ATV, Adjusted Trypsin-Versen Lösung	Medienküche, VIM
PBS, Phosphate buffered saline	Medienküche, VIM

2.6.2 Bakterienkultivierung

LB-Medium	
LB-Agarplatten	LB-Medium, enthält zusätzlich 1,5% Bacto-Agar
LB-Selektionsmedium	LB-Medium, enthält zusätzlich 100µg/ml Ampicillin

2.7 Antibiotika

Ampicillin-Natriumsalz	Roth
Penicillin/Streptomycin	Gibco
Doxycyclin	Clontech

2.8 Antikörper und Antiseren

2.8.1 Primärantikörper

Mouse anti-PFV Gag (SGG1)	Hybridomaüberstand (Heinkelein et al. 2002)
Mouse anti-PFV IN (3E11)	Hybridomaüberstand (Imrich et al. 2000)
Mouse anti-PFV RT (15E10)	Hybridomaüberstand (Imrich et al. 2000)
Mouse anti-PFV Env (P3E10)	Hybridomaüberstand (Duda et al. 2004) Rabbit
anti-GAPDH (IMG-5143A)	Imgenex
Goat anti-eGFP, FITC (Ab6662)	Abcam
Goat anti-IL-1ra, rat (SC-8482)	Santa Cruz
Rabbit anti-IL-1ra, human (SC-25444)	Santa Cruz
Rabbit anti- IL-1R1, human (EP409Y)	Epitomics
FastImmune™ anti-human IL-1ra, PE	Becton Dickinson

2.8.2 Sekundärantikörper

Goat anti-rabbit IgG, HRP (#3053-1)	Epitomics
Donkey anti-goat IgG, HRP (SC-2020)	Santa Cruz
Goat anti-mouse IgG, HRP (P-0447)	DAKO
Anti-biotin IgG, HRP (#7075)	Cell Signaling Technology
Goat anti-rabbit IgG, PE (#611-108-122)	Rockland

2.9 Kitsysteme

QIAamp® DNA Mini Kit	Qiagen
RNeasy® Plus Mini Kit	Qiagen
GenElute™ Gel Extraction Kit	Sigma-Aldrich
GenElute™ PCR Clean-Up Kit	Sigma-Aldrich
NucleoBond™ Maxiprep Kit	MachereyNagel
peqGOLD Plasmid Miniprep Kit	Peqlab
human IL-1ra/IL-1F3 ELISA Development Kit (DY280)	R&D Systems
Parameter™ PGE$_2$ ELISA Kit	R&D Systems

2.10 Chemikalien

2-Mercaptoethanol	AppliChem
Acrylamid (Rothiphorese Gel 30)	Roth
Agar, bakteriologisch	Sigma
Agarose	Eurogentec
Ammoniumpersulfat (APS)	AppliChem
Bradford-Reagenz	Bio-Rad
Bromphenolblau	Serva
Chloroform	AppliChem
Dimethylsulfoxid (DMSO)	Roth
DNA-Ladepuffer (6x)	Fermentas
dNTPs	Fermentas
ECL SuperSignal Substrate	Pierce
EDTA	Sigma
Essigsäure	Roth
Ethanol, unvergällt	Roth
Ethidiumbromid (10mg/ml)	Serva
Forene (Isofluran)	Abbott
Formaldehyd (37%ige Lösung)	Sigma
Fötales Kälberserum (FCS)	Gibco-BRL
Glucose	Sigma
Glycerol	Roth
Glyzin	Roth
Isopropanol	Roth
Kaliumacetat	Roth
Kaliumchlorid	Roth
LB-Broth Base	Invitrogen
Magermilchpulver	AppliChem
Methanol	Roth
Natriumacetat	Roth
Natriumbutyrat	Merck
Natriumchlorid	Roth
Natriumdodecylsulfat (SDS)	Roth

Natrium-Deoxycholat	AppliChem
Natriumhydroxid	AppliChem
Phenol, TE äquilibriert	AppliChem
Phenol-Chloroform-Isoamylalkohol (25:24:1)	AppliChem
Polyethylenimin, linear (MW 25.000)	Polysciences, Inc.
Poly-L-Lysin-Lösung	Sigma
Ponceau S	Sigma
Rinderserumalbumin, Fraktion V (BSA)	ICN Biomedicals
Saccharose	Serva
Salzsäure	Roth
Sucrose	Serva
TEMED	AppliChem
Tramal (Tramadolhydrochlorid)	Grünenthal
Tricin	Sigma
Tris-Base	Roth
Triton-X-100	Fluka
Trypanblau	Fluka
Tween 20	Sigma

2.11 Geräte

Agarosegel-Elektrophoresekammern, horizontal	Institutswerkstatt, VIM
Agarosegel-Gießkammer	Institutswerkstatt, VIM
Brutschrank für Bakterien	Melag
Brutschrank für Zellkulturen, 37°C, CO_2 begast	Heraeus
Chemolumineszenz-Detektionssystem LAS-3000	FujiFilm
Dewargefäß für flüssigen Stickstoff	Hartenstein
Durchflusscytometer FACScalibur	Becton Dickinson
Eismaschine AF-10	Scotsman
Elektrophoresedokumentationssystem GelDoc-1000	Intas
ELISA-Plattenlesegerät V_{Max}	Molecular Devices
Feinanalysewaage	Sartorius
Fluoreszenzmikroskop DMIRE2	Leica
Glaspipetten-Ansauggerät Pipetboy comfort	Integra Biosciences

Material

Handdispenser	Eppendorf
Inkubationshaube für Bakterienkulturen	Sartorius
Inkubationsschüttler für Bakterienkulturen	Sartorius
Inkubationswippe	Hoefer
Isofluranverdampfer	Dräger
Kryoeinfriergerät (Mr. Frosty)	Nalgene
Kühlschränke	Liebherr
Laborwaage	Scaltec
Lichtmikroskop Labovert FS	Leitz
Magnetrührer	Janke und Kunkel
Microprocessor pH-Meter Ultra Basic	Denver Instruments
Mikrowellenherd	Brother
Neubauer Zählkammer	Marienfeld
Pipetten Pipetman	Gilson
SDS-PAGE-Elektroblottkammer	Institutswerkstatt, VIM
SDS-PAGE-Laufkammer	Institutswerkstatt, VIM
Spektrophotometer, Biophotometer 6131	Eppendorf
Sterilwerkbank BSB 4A	Gelaire
Stromversorgungsgeräte für Gelapparaturen	
Electrophoresis Power Supply-2301	LKB
Electrophoresis Power Supply-E455	Consort
Thermoblock TDB 120	BioSan
Thermocycler	
Mastercycler	Eppendorf
iCycler iQ	Bio-Rad
My Cycler, Gradient	Bio-Rad
Tiefkühltruhen	Liebherr
UV-Transilluminator	UVP
Vortex-Gerät	Scientific Industries
Wasserbad-Heizspirale WTG500	Hartenstein
Wasserbad-Wasserbecken	Institutswerkstatt, VIM
Wasser-Inkubationsgerät	Lauda

Zentrifugen

    Kühlzentrifuge Multifuge 1 S-R   Heraeus

    Kühlzentrifuge Evolution RC   Sorvall

    Tischzentrifuge Biofuge Pico   Heraeus

    Tischkühlzentrifuge Mikro 200R   Hettich

    Ultrazentrifuge Discovery 90SE   Sorvall

Rotoren

    SLA-3000   Sorvall

    SureSpin 630 (36ml)   Thermo Scientific

2.12 **Verbrauchsmaterialien**

autoklavierbare Kunststofftüten	Hartenstein
Chirurgisches Laborbesteck, Edelstahl	Hartenstein
Desinfektionsmittel Terralin Liquid	Schülke & Mayr
Dispensertips	Eppendorf
Einmalspritzen, Luer	Primo
Einmal-Filterhalter (0,20µm; 0,45µm)	Sartorius
Einmal-UV-Küvette	Brand
Einweg-Skalpell	Ratiomed
ELISA-Platten, MaxiSorp	Nunc
FACS-Röhrchen, 5ml	Becton Dickinson
Flüssiger Stickstoff	
Gel-Blotting-Papier	Whatman
Glasflaschen	Schott
Glaskolben, -messbecher, -messzylinder	Ilmabor, Rasotherm, Schott
Glaspipetten	Brand
Insulinspritzen, 30G	Becton Dickinson
Kulturröhrchen, 12ml	Hartenstein
Kryoröhrchen, 2ml	Nalgene
Labor-Schutzbrille	Roth
Nitrozellulose-Transfermembran	GE Healthcare
Optische Folie, selbstklebend	Bio-Rad

Material

Parafilm	American National Can
Petrischalen	Hartenstein
PCR-Plastikreaktionsgefäße, 200µl	Peqlab
PCR-Platten, 96-well	Peqlab
Pipettenspitzen, gestopft	nerbe plus
Pipettenspitzen, ungestopft	Roth
Plastikreaktionsgefäße (1,5ml und 2,0ml)	Sarstedt, Eppendorf
Serologische Pipetten	Greiner
Shredder-Säulen	Qiagen
Ultra-Zentrifugen-Röhrchen	Herolab
Untersuchungshandschuhe, Latex	Cardinal Health
Untersuchungshandschuhe, Nitril	Asid Bonz
Wägeschalen	Hartenstein
Zellkultur-Plastikwaren	Nunc, Greiner
Zellsiebe, 70µm	Becton Dickinson
Zellstofftücher	Kimberly-Clark
Zentrifugenbecher, 500ml	Nalgene
Zentrifugenröhrchen (15ml und 50ml)	Greiner

2.13 Computersoftware und Internetseiten

ApE Plasmid Editor V1.11	M. Wayne Davis
Bildanalysesoftware GIMP 2.6.10	GIMP.org
Cell Quest Pro 3^{TM}	Becton Dickinson
FlowJo 7.2.2	Tree Star, Inc.
Gene Expression Macro^{TM} V1.1	Bio-Rad
GraphPad Prism 4.0	GraphPad Software, Inc.
iCyclerIQ V3.1	Bio-Rad
Image Reader LAS-3000 Lite	FujiFilm
Leica IM50 Digital Imaging Software	Leica
Microsoft Excel 2010	Microsoft
SOFTmax PRO V3.0	Molecular Devices

Material

ConSite	http://www.phylofoot.org/consite/
Fermentas Double Digest	http://www.fermentas.com/en/tools/doubledigest
Molbiol.ru	http://www.molbiol.ru
NCBI-BLAST	http://blast.ncbi.nlm.nih.gov/Blast.cgi
NCBI-Primer-BLAST	http://www.ncbi.nlm.nih.gov/tools/primer-blast

2.14 Synthetische Oligonukleotide

Mit Ausnahme der QuantiTect-Primer (Qiagen), wurden alle hier aufgeführten Primer von der Firma Sigma-Aldrich synthetisiert und in lyophilisierter Form geliefert. Die Konzentration nach dem Lösen der jeweiligen Lyophilisate in sterilem Wasser, gemäß den Angaben des Datenblattes, entsprach immer 100µM. Aus den individuellen 100µM-Stocklösungen wurden dann durch Verdünnung 10µM-Gebrauchslösungen hergestellt, die zu Volumina von jeweils 100µl in sterilen 1,5ml-Plastikreaktionsgefäßen aliquotiert wurden. Die Aufbewahrung der Stocklösungen und Gebrauchslösungen erfolgte bei −20°C im Tiefkühlschrank.

2.14.1 Oligonukleotide für die pFAD-Klonierungen

Bezeichnung	Sequenz
Link_pBSII_Sense (31mer)	5'- (Phos) GTG GCT CGC TAG CCT CTC TGC CGC CGC CTG C
Link_pBSII_Antisense (39mer)	5'- (Phos) TCG AGC AGG CGG CCG CAG AGA GGC TAG CGA GCC ACC GCG
FAD2_fw_25236 (20mer)	5'- GCC ACG ACT GCC AAA TCT AC
FAD2_rv_27059 (20mer)	5'- CCT TGT GTC TCT CAT CCC AG
r_IL-1Ra_fw_NcoI (23mer)	5'- GAC CAT GGA AAT CTG CAG GGG AC
r_IL-1Ra_rv_NotI (27mer)	5'- AGA GCG GCC GCT CTA TTG GTC TTC CTG
h_IL-1Ra_fw_NcoI (25mer)	5'- GAC CAT GGA AAT CTG CAG AGG CCT C
h_IL-1Ra_rv_NotI (26mer)	5'- AGA GCG GCC GCC TAC TCG TCC TCC TG
h_IL-1Ra_fw_mut (30mer)	5'- GTT CTT GGG AAT CCA CGG AGG GAA GAT GTG
h_IL-1Ra_rv_mut (30mer)	5'- CAC ATC TTC CCT CCG TGG ATT CCC AAG AAC
EF-1a_fw_HindIII (24mer)	5'- GCT AAG CTT CGT GAG GCT CCG GTG
EF-1a_rv_BamHI (25mer)	5'- CTG GAT CCT CAC GAC ACC TGA AAT G

43

2.14.2 Sequenzierungsprimer für die pBluescript® II KS (-) und pFAD-Konstrukte

Bezeichnung	Sequenz
pBSII_fw_600 (24mer)	5'- GTA AAA CGA CGG CCA GTG AG
pBSII_rv_2202 (22mer)	5'- CTA TGA CCA TGA TTA CGC CAA G
EF-1a_fw_1054 (20mer)	5'- GGG TGG AGA CTG AAG TTA GG
EF-1a_rv_144 (20mer)	5'- ACA CGA CAT CAC TTT CCC AG
U3_fw_309 (20mer)	5'- CTG CTT CTC GCT TCT GTT CG

2.14.3 Übersicht über die verwendeten cDNA-spezifischen QuantiTect-Primer (Qiagen) für die qRT-PCR

Bezeichnung	Detektiertes Transkript
Hs_ACTB_1_SG	Beta-Aktin, Mensch
Hs_CXADR_1_SG	Coxsackievirus und Adenovirus Rezeptor (CAR), Mensch
Hs_GAPD_1_SG	Glycerinaldehyd-3-phosphat-Dehydrogenase, Mensch
Hs_IL1R1_1_SG	Interleukin-1 Rezeptor, Typ I, Mensch
Rn_ACTB_1_SG	Beta-Aktin, Ratte
Rn_CXADR_1_SG	Coxsackievirus und Adenovirus Rezeptor (CAR), Ratte
Rn_GAPD_1_SG	Glycerinaldehyd-3-phosphat-Dehydrogenase, Ratte
Rn_IL1RI_1_SG	Interleukin-1 Rezeptor, Typ I, Ratte

2.14.4 qRT-PCR-Primer für die relative Transkript-Quantifizierung proinflammatorischer Cytokine aus humanen A549 Zellen

Bezeichnung	Sequenz
h_IL1b_fw_517 (22mer)	5'- GCT CTC CAC CTC CAG GGA CAG G
h_IL1b_rv_655 (22mer)	5'- TCA ACA CGC AGG ACA GGT ACA G
h_IL6_fw_293 (22mer)	5'- CAT CCT CGA CGG CAT CTC AGC C
h_IL6_rv_396 (26mer)	5'- TGG AAG GTT CAG GTT GTT TTC TGC CA
h_IL8_fw_88 (27mer)	5'- CAC TGT GTG TAA ACA TGA CTT CCA AGC
h_IL8_rv_189 (25mer)	5'- TAG CAC TCC TTG GCA AAA CTG CAC C

2.14.5 qRT-PCR-Primer für die relative Quantifizierung von FAD und PFV exprimierten Transkripten

Bezeichnung	Sequenz
h_IL-1Ra_fw_qRT (20mer)	5'- GAG AAA ATC CAG CAA GAT GC
h_IL-1Ra_rv_qRT (24mer)	5'- GGG TAC CAC ATC TAT CTT TTC TTC
r_IL-1Ra_fw_qRT (18mer)	5'- GGA AAA GAC CCT GCA AGA
r_IL-1Ra_rv_qRT (21mer)	5'- GGC ACC ATG TCT ATC TTT TCT
EGFP_fw_qRT (19mer)	5'- GCA CAA GCT GGA GTA CAA C
EGFP_rv_qRT (19mer)	5'- GCT CAG GTA GTG GTT GTC G

2.14.6 qRT-PCR-Primer für die relative Quantifizierung von adenoviraler und foamyviraler Vektor-DNA aus humanen und Rattenzellen

Bezeichnung	Sequenz
PFV_gag_fw_1745 (20mer)	5'- GCT CTG GGG TGC GTG GCA AT
PFV_gag_rv_1855 (20mer)	5'- CGC GTG AGT CAC CAG CAC CG
rtTA_fw_668 (20mer)	5'- AGG GCC TGC TCG ATC TCC CG
rtTA_rv_771 (20mer)	5'- CGT CGA CAG TCT GCG CGT GT
h_GAPDH_fw_14 (20mer)	5'- AGC CTC CCG CTT CGC TCT CT
h_GAPDH_rv_154 (20mer)	5'- CCA GGC GCC CAA TAC GAC CA
h_ACTB_fw_512 (20mer)	5'- ACG CCT CTG GCC GTA CCA CT
h_ACTB_rv_616 (20mer)	5'- GAC GCA GGA TGG CAT GGG GG
r_ACTB_fw_245 (20mer)	5'- GCG ACG AGG CCC AGA GCA AG
r_ACTB_rv_374 (20mer)	5'- GGG GCC ACA CGC AGC TCA TT
r_Tubb5_fw_2256 (21mer)	5'- TCT GCC CCA TTT CCC TCC TGT
r_Tubb5_rv_2378 (21mer)	5'- TTG GCT CTC GGG GCA ATG TCA

3. Methoden

3.1 Molekularbiologische Methoden

3.1.1 Isolierung von Plasmid-DNA

3.1.1.1 Nährmedien und Anzucht von Bakterien

Die Kultivierung der Bakterien wurde in 1x LB-Medium unter permanentem Schütteln bzw. auf LB-Agarplatten bei jeweils 37°C durchgeführt.

5x LB-Medium:	100g LB-Broth Base 25g NaCl 5g Glucose (alpha-D-Glucose-Monohydrat) ad 1 Liter ddH$_2$O, autoklavieren
LB-Selektionsmedium:	1x LB-Medium 100µg/ml Ampicillin
LB-Agarplatten:	20g LB-Broth Base 5g NaCl 20g Agar ad 1 Liter ddH$_2$O, autoklavieren

Nach dem Autoklavieren wurde das Agarmedium im Wasserbad auf 56°C heruntergekühlt und nach Zugabe von 100µg/ml Ampicillin steril in Petrischalen gegossen. Die Agarplatten wurden nach dem Erstarren bei 4°C gelagert.

3.1.1.2 Herstellung chemisch kompetenter Bakterien mittels CaCl$_2$ für die Transformation

Bakterien können durch eine chemische Behandlung der Zellwand in einen Zustand (Kompetenz) versetzt werden, in dem sie leicht exogene Plasmid-DNA aufnehmen können (Transformation).

Für die Herstellung transformationskompetenter Bakterien wurden zunächst 15ml 1x LB-Medium mit einer bei -80°C konservierten Bakterien-Glycerol-Stammkultur von *E. coli* Top10f' angeimpft und diese bei 37°C unter stetem Schütteln über Nacht angezüchtet. Am darauffolgenden Tag wurden 500µl der Übernachtkultur in 200ml 1x LB-Medium überimpft und die Bakterien bis zu einer OD$_{600nm}$ von 0,375 auf dem Bakterienschüttler bei 37°C weiterkultiviert. Danach wurde die Kultur durch Zentrifugation für 15min bei 1.500 x g und 4°C pelletiert. Das Bakterienpellet wurde anschließend in 20ml kaltem CaCl$_2$-Puffer resuspendiert und erneut unter gleichen Bedingungen zentrifugiert. Nachfolgend wurde der Überstand dekantiert, das Pellet abermals in 20ml kaltem $CaCl_2$-Puffer resuspendiert und die Bakteriensuspension für 30min auf Eis inkubiert. Im Anschluss daran wurden die Bakterien nochmals durch Zentrifugation für 15min bei 1.500 x g und 4°C sedimentiert und das resultierende Pellet in 5ml kaltem $CaCl_2$-Puffer aufgenommen. Die Bakterienlösung wurde nun zu jeweils 200µl in sterilen 1,5ml-Plastikreaktionsgefäßen aliquotiert, mittels Ethanol-Trockeneis-Mischung schockgefroren und bei -80°C gelagert. Zur qualitativen Kontrolle der Kompetenz wurden Transformationen mit 10ng Plasmid-DNA durchgeführt.

$CaCl_2$-Puffer: 60mM $CaCl_2$
15% Glycerol
10mM Pipes pH 7,0 (sterilfiltriert)

3.1.1.3 Transformation kompetenter Bakterien mit Plasmid-DNA

Unter Transformation versteht man die Aufnahme von exogener DNA durch Bakterienzellen.

Zu jeweils 20µl Ligationsansatz bzw. 10-100ng Plasmid-DNA wurden 100µl einer frischen, auf Eis aufgetauten Suspension kompetenter Bakterien gegeben, gut gemischt und für 30min auf Eis inkubiert. Die Aufnahme der DNA wurde durch einen einminütigen Hitzeschock bei 42°C im Wasserbad induziert und die Bakteriensuspension anschließend für 3min auf Eis abgekühlt. Die Transformationsansätze wurden danach in jeweils 1ml 1x LB-Medium aufgenommen, in 12ml-Kulturröhrchen überführt und diese für 60min bei 37°C auf dem Bakterienschüttler inkubiert. Im Anschluss daran wurden die transformierten Bakterien durch Zentrifugation für 5min bei 1.500 x g sedimentiert, 900µl vom Überstand verworfen und die Zellen im verbliebenem Medium resuspendiert. Die Bakterien wurden dann zur Selektion auf LB-Agarplatten ausplattiert und über Nacht bei 37°C im Brutschrank gelagert. Gewachsene Kolonien wurden mit einer sterilen Pipettenspitze abgenommen, in jeweils 2ml LB-Selektionsmedium überimpft und über Nacht bei 37°C schüttelnd inkubiert.

3.1.1.4 Anlegen von Bakterien-Glycerol-Stammkulturen

Für die Langzeitlagerung transformierter Bakterien wurden Glycerol-Stammkulturen angelegt. In ein 2ml-Kryoröhrchen wurden dafür zunächst 750µl sterilfiltriertes Glycerin pipettiert und 250µl Bakteriensuspension aus einer 150ml-Übernachtkultur hinzugefügt. Die Lagerung der Stammkulturen erfolgte bei -80°C.

Methoden

3.1.1.5 Plasmid-DNA Mini-Präparation

Hierzu wurden zunächst 1,5ml einer *E. coli* Übernachtkultur in ein 1,5ml-Plastikreaktionsgefäß überführt und für 3min bei 10.000 x g pelletiert. Nach dem Absaugen des Überstandes wurden die Minikulturen unter Verwendung des peqGOLD Plasmid Miniprep Kits (Peqlab 2009) aufgearbeitet. Die Gewinnung der bakteriellen Plasmid-DNA beruhte hierbei auf dem Prinzip der alkalischen Lyse der Bakterien und den selektiven DNA-Bindungseigenschaften der verwendeten Silikamembransäulen des Kits. Den Herstellerangaben folgend, wurde die gebundene Plasmid-DNA mit jeweils 50µl Elutionspuffer von den Säulen eluiert. Für die Identifizierung rekombinanter Klone wurden anschließend Restriktionsanalysen (siehe 3.1.2.1) durchgeführt. Für einen analytischen Standardverdau wurden 9µl eluierte Plasmid-DNA, 0,5µl des jeweiligen Restriktionsenzyms, sowie 1µl des vom Hersteller mitgelieferten 10x Puffers in ein 1,5ml-Plastikreaktionsgefäß pipettiert, gut gemischt, kurz zentrifugiert und für mindestens 60min bei der empfohlenen Temperatur inkubiert. Schließlich wurden den Ansätzen 2µl 6x DNA-Ladepuffer zugesetzt und die Proben in der Agarosegel-Elektrophorese analysiert.

3.1.1.6 Plasmid-DNA Maxi-Präparation

Für die Gewinnung von Plasmid-DNA im großen Maßstab wurde das kommerziell erhältliche Maxi-Plasmidpräparationskit der Firma Machery-Nagel verwendet. Dazu wurden 150ml LB-Selektionsmedium mit 50µl einer Vorkultur (Übernachtkultur aus der Mini-Präparation) bzw. mit einer bei -80°C konservierten Bakterien-Glycerol-Stammkultur angeimpft und über Nacht bei 37°C schüttelnd inkubiert. Nach der alkalischen Lyse der Zellen wurde die Plasmid-DNA bei dieser Methode über einen Anionenaustauscher gereinigt und mit Isopropanol gefällt. Die Plasmid-DNA wurde gemäß der Anleitung des Herstellers isoliert und gereinigt (Machery-Nagel 2008). Schließlich wurde das entstandene Plasmid-DNA-Pellet in 100µl TE-Puffer aufgenommen und für 24 Stunden bei 4°C resuspendiert. Zur Kontrolle der isolierten Plasmid-DNA wurde im Anschluß an die photospektrometrische Konzentrationsbestimmung (siehe 3.1.1.7) 1µg DNA für eine analytische Spaltung eingesetzt und in einem Agarosegel elektrophoretisch aufgetrennt.

TE-Puffer: 10mM Tris HCl (pH 7,4)
1mM EDTA (pH 8,0)

Methoden

3.1.1.7 Photospektrometrische Konzentrationsbestimmung von Nukleinsäuren

Die Konzentration von Nukleinsäuren in Lösung ließ sich photospektrometrisch über die Messung der optischen Dichte (OD) bei einer Wellenlänge von 260nm ermitteln. Dabei entsprach OD=1 einer dsDNA-Konzentration von 50µg/ml, einem ssDNA-Gehalt von 33µg/ml bzw. einer RNA-Konzentration von 40µg/ml. Um die Reinheit der Nukleinsäuren abzuschätzen, wurde zusätzlich die Extinktion bei 280nm Wellenlänge bestimmt, da auch andere Moleküle bei einer Wellenlänge von 260nm absorbieren (z.B. Phenol, Aminosäuren mit aromatischen Seitenketten). Der Quotient aus OD_{260} und OD_{280} gibt Aufschluss über den Reinheitsgrad der Nukleinsäure. Für saubere Nukleinsäurelösungen sollte das Verhältnis $OD_{260/280}$ zwischen 1,7 und 2,0 liegen, hiervon abweichende Werte deuteten auf Verunreinigungen in der Präparation hin.

Formel zur DNA-Konzentrationsbestimmung:

OD_{260nm} x Verdünnungsfaktor x 50 = DNA-Konzentration (µg/ml)

3.1.2 Klonierung von DNA

3.1.2.1 Spaltung von DNA mit Restriktionsendonukleasen

Restriktionsenzyme können DNA sequenzspezifisch schneiden. Die Erkennungssequenzen sind normalerweise palindromische, d.h. spiegelsymmetrische Basensequenzen von vier, sechs oder acht Nukleotiden. Dabei wird die DNA an den komplementären Strängen entweder um mehrere Basen versetzt gespalten, so dass 3'- oder 5'- Überhänge entstehen (klebrige Enden). Der Schnitt kann aber auch an der gleichen Stelle erfolgen, so dass hieraus glatte Enden resultieren. Restriktionsspaltungen wurden entweder analytisch zur Überprüfung von DNA durchgeführt oder präparativ im Rahmen einer Klonierung. Für Restriktionsanalysen wurden jeweils 1µg DNA, für präparative Restriktionsansätze hingegen jeweils 5µg DNA verwendet.

Analytischer Spaltansatz: 1µg DNA
                            1µl Puffer (10x)
                            0,5µl Enzym
                            ddH$_2$O ad 10µl Gesamtvolumen

Präparativer Spaltansatz: 5µg DNA
                            2µl Puffer (10x)
                            1µl Enzym
                            ddH$_2$O ad 20µl Gesamtvolumen

Analytische Spaltansätze wurden für 60min und präparative Spaltansätze über Nacht bei der empfohlenen Temperatur inkubiert. Analytischen Ansätzen wurden jeweils 2µl 6x DNA-Ladepuffer zugesetzt und die Proben in einem Agarosegel aufgetrennt. Bei präparativen Restriktionsansätze erfolgte die weitere Aufarbeitung für Insert-DNA oder Vektor-DNA, die nicht größer als 10kbp waren, über präparative Agarosegele und einer anschließenden Reinigung durch das GenElute™ Gel Extraction Kit der Firma Sigma-Aldrich (siehe 3.1.3.1). Überschritten die verdauten Vektoren hingegen eine Größe von 10kbp (z.B. FAD-Plasmide), so wurden diese nach CIAP-vermittelter Dephosphorylierung (siehe 3.1.2.2) direkt über eine Phenol-Chloroform-Extraktion und anschließender Ethanolfällung gereinigt (siehe 3.1.2.3). In diesen Fällen wurde die herausgeschnittene Insert-DNA nicht von der Vektor-DNA separiert. Dieses besondere Vorgehen bei der Präparation von Vektor-DNA erwies sich insbesondere bei der FAD-Klonierung als äußerst vorteilhaft, weil hierdurch der negative Einfluss von Scherkräften minimiert wurde.

3.1.2.2 Dephosphorylierung von DNA mit alkalischer Phosphatase (CIAP)

Um die Religation linearisierter Vektor-DNA während einer Ligationsreaktion zu vermeiden, wurden die terminalen 5´-Phosphatgruppen der DNA-Fragmente enzymatisch mittels alkalischer Phosphatase (CIAP) entfernt. Hierzu wurden den präparativen Restriktionsansätzen 1µl (10U) CIAP (FastAP™, Fermentas) zugesetzt und für 3h bei 37°C inkubiert. Aufgrund der hohen Stabilität des Enzyms wurde die dephosphorylierte Vektor-DNA durch eine Phenol-Chloroform-Extraktion mit anschließender Ethanolpräzipitation gereinigt und stand danach für Klonierungsexperimente zur Verfügung.

3.1.2.3 Reinigung und Fällung von DNA mittels Phenol-Chloroform-Extraktion und anschließender Ethanolpräzipitation

Mit dieser Methode ließen sich DNA-Lösungen effektiv von Enzymen und anderen Proteinverunreinigungen befreien. Die Proben wurden dafür zunächst mit TE-Puffer (pH 7,5) auf ein Gesamtvolumen von 330µl eingestellt und die DNA dann in aufeinanderfolgenden Schritten mit jeweils dem gleichen Volumen Phenol (pH 8,0), Phenol-Chloroform-Isoamylalkohol-Gemisch (25:24:1) und schließlich Chloroform extrahiert. Nach kräftigem Schütteln und anschließender Zentrifugation für jeweils 3min bei 14.000U/min in der Tischzentrifuge ergaben sich zwei Phasen. Die obere, wässrige Phase wurde jeweils in ein neues 1,5ml-Reaktionsgefäß pipettiert und das jeweilige Extraktionsmedium ergänzt. Auf diese Weise wurde die Prozedur mit allen drei Lösungen in der genannten Reihenfolge durchgeführt. Denaturierte Proteine sammelten sich jeweils in der unteren organischen Phase sowie Interphase, während die DNA in der wässrigen Phase verblieb.

Dem wässrigen Überstand des letzten Reinigungsschrittes wurde dann 1/10 Volumen 3M Natriumacetat (pH 5,2) und 2,5 Volumen 100% Ethanol zugefügt und die DNA während einer 20minütigen Zentrifugation bei 14.000U/min und 4°C gefällt. Nach einem Waschschritt mit 70% Ethanol wurde das DNA-Pellet bei 37°C getrocknet und schließlich in 50µl TE-Puffer (pH 7,5) resuspendiert.

3.1.2.4 Ligation von DNA-Fragmenten

DNA-Fragmente werden durch den Aufbau von kovalenten Phosphodiesterbindungen zwischen dem 3'-OH-Ende eines Fragments und dem 5'-Phosphatende des anderen Fragments unter Verbrauch von ATP enzymatisch miteinander verbunden. Katalysiert wird diese Reaktion von einer DNA-Ligase. Dazu müssen die DNA-Enden entweder komplementäre einzelsträngige Überhänge oder glatte Enden haben. In der Reaktion wurde üblicherweise ein molares Verhältnis von 1 zu 10 von Vektor- zu Insert-DNA eingesetzt. Die Kalkulation der erforderlichen Insertmenge erfolgte unter Nutzung der Internetseite www.molbiol.ru.

Ligationsansatz: 100ng Vektor-DNA
10facher molarer Überschuss Insert-DNA
2µl T4 DNA-Ligasepuffer (10x)
0,5µl T4 DNA-Ligase
ddH$_2$O ad 20µl Gesamtvolumen

Parallel dazu wurde ein Negativkontrollansatz pipettiert, der keine Insert-DNA enthielt. Die Ligation erfolgte über Nacht bei 14°C. Bei dieser relativ niedrigen Temperatur ist gewährleistet, dass zum einen die thermisch bedingte Beweglichkeit der beiden kompatiblen DNA-Enden ausreichend gering ist, um komplementäre Basenpaare auszubilden, zum anderen das Enzym aber noch aktiv arbeitet.

3.1.2.5 Hybridisierung synthetischer Oligonukleotide für die Kassettenmutagenese

Die Kassettenmutagenese stellt eine Methode zur zielgerichteten, ortsspezifischen Erzeugung von Mutationen in einem DNA-Molekül dar. Dazu werden zwei synthetische Oligonukleotide, die zueinander komplementär sind, miteinander zu einem doppelsträngigen DNA-Fragment hybridisiert. Nachfolgend kann dieses artifizielle DNA-Fragment mit einem durch Restriktionsenzyme geschnittenem DNA-Zielmolekül ligiert werden.

Die Synthese der am 5'-Ende phosphorylierten Oligonukleotide erfolgte durch die Firma Sigma-Aldrich. Die beiden zu hybridisierenden Oligonukleotide wurden mit sterilem Wasser auf eine Konzentration von 100µM eingestellt und jeweils 10µl in einem PCR-Reaktionsgefäß vereint.

Methoden

Das anschließende Annealing der beiden Einzelstränge erfolgte mit einem empirisch definierten Temperaturprofil auf dem Thermocycler:

95°C 5min
90°C 3min
85°C 2min
80°C 1min
70°C 1min
60°C 1min
50°C 1min
40°C 1min
35°C 25min
25°C 20min
20°C ∞

Schließlich wurde das doppelsträngige DNA-Fragment im 10fachen molaren Überschuss mit dem entsprechend präparierten Klonierungsvektor ligiert.

3.1.3 Elektrophoretische Auftrennung von DNA in Agarosegelen

Die Agarosegel-Elektrophorese stellt eine einfache und effektive molekularbiologische Methode dar, DNA-Moleküle von 50bp bis 50kbp voneinander zu trennen, zu identifizieren und gegebenenfalls wieder aus dem Agarosegel zu isolieren. Infolgedessen kann das Verfahren sowohl für analytische, als auch für präparative Zwecke eingesetzt werden. Das Grundprinzip besteht darin, dass die Nukleinsäuren aufgrund ihres Zucker-Phosphat-Rückgrats eine negative Ladung aufweisen und sich daher im elektrischen Feld zur Anode bewegen. Die Trennung der Nukleinsäuren nach ihrer Größe beruht darauf, dass sich die DNA-Moleküle durch die Poren der Agarosegelmatrix bewegen müssen, wobei aufgrund der Siebstruktur der Agarose kleinere DNA-Moleküle schneller durch das Gel laufen, als größere. Die Wanderungsgeschwindigkeit der DNA-Moleküle ist zudem von der Konformation der DNA, der Agarosekonzentration im Gel und der elektrischen Feldstärke abhängig. Allgemein gilt die Beziehung, dass die Laufstrecke eines DNA-Moleküls umgekehrt proportional zum Logarithmus der Fragmentlänge ist (Mülhardt 2003).

Für die gelelektrophoretische Auftrennung von DNA-Fragmenten wurden horizontale Agarosegele mit einer Gelstärke von 1 - 2,5% verwendet. Dazu wurde die Agarose in 100ml 1x TAE-Puffer aufgenommen und bis zum vollständigen Lösen in der Mikrowelle aufgekocht. Anschließend wurde die nun visköse Agaroselösung unter fließend kaltem Wasser kurz abgekühlt und die verdampfte Flüssigkeit durch die Zugabe einer entsprechenden Menge Wasser kompensiert. Schließlich wurden der Agaroselösung, für die Sichtbarmachung der DNA im UV-Licht, noch 2µl der DNA-

Methoden

interkalierenden Substanz Ethidiumbromid hinzugefügt und die Lösung auf einen abgedichteten Gelschlitten gegossen. Dieser enthielt einen Probenkamm, um die Taschen für die späteren DNA-Proben auszusparen. Nach Erstarren der Agarose wurde der Gelschlitten in die mit 1x TAE-Laufpuffer gefüllte Elektrophoresekammer gestellt und konnte dann nach der Entfernung des Probenkamms mit DNA-Proben beschickt werden. Dazu wurden die Proben mit DNA-Ladepuffer versetzt (entfiel bei analytischen PCR-Ansätzen, die CoralLoad Fast Cycling Dye enthielten) und neben einem DNA-Längenstandard auf das Gel aufgetragen. Die Elektrophorese erfolgte bei Raumtemperatur mit einer konstanten Spannung von 80-100Volt (entsprach 5V/cm Elektrodenabstand). Das Gel wurde entweder unter UV-Licht abfotografiert oder DNA-Fragmente mit einem sterilen Skalpell an einem UV-Transilluminator ausgeschnitten.

50x TAE-Puffer: 242g Tris
57,1ml Essigsäure
100ml 0,5M EDTA (pH 8,0)
ad 1 Liter ddH$_2$O

3.1.3.1 Extraktion und Reinigung von DNA aus Agarosegelen

Im Rahmen der Klonierung von DNA bestand im Vorfeld einer Ligation die Notwendigkeit, gewünschte von unerwünschten DNA-Fragmenten aus Insert-DNA- sowie Vektor-DNA-Ansätzen gezielt zu separieren. Dazu wurde auf die präparative Agarosegel-Elektrophorese zurückgegriffen. Im Agarosegel aufgetrennte DNA-Fragmente wurden mit einem sterilen Skalpell an einem UV-Transilluminator unter schwachem UV-Licht (λ=312nm) ausgeschnitten und das resultierende Agarosestückchen in sterile 1,5ml-Reaktionsgefäße transferiert. Um die Gefahr von Strangbrüchen, die Bildung von Basendimeren oder Depurinierungen durch die UV-Strahlung zu minimieren, wurde sehr zügig vorgegangen. Die Reinigung der isolierten DNA-Moleküle wurde mit dem GenElute^{TM} Gel Extraction Kit realisiert und folgte dem Protokoll des Herstellers. Das Reinigungsprinzip basiert bei diesem Kit auf der Lösung der Agarose und Adsorption der DNA an die Oberfläche der Silikafiltermembran der mitgelieferten Säulen in Gegenwart des hochmolaren chaotropen Salzes Natriumiodid. Die gereinigte DNA wurde schließlich mit 30µl TE-Puffer von der Säule eluiert und stand für nachfolgende Klonierungsexperimente zur Verfügung (Sigma-Aldrich 2002).

3.1.4 Amplifikation von definierten DNA-Abschnitten mit der Polymerase-Kettenreaktion (PCR)

Mit der Polymerase-Kettenreaktion (PCR) ist es möglich, mittels eines als Amplifikation bezeichneten thermozyklischen Vorganges, *in vitro* von einem definierten DNA-Abschnitt enzymatisch millionenfache Kopien gezielt herzustellen. Dabei wird die zu amplifizierende DNA-Matrize (Template) zunächst bei Temperaturen von etwa 90-95°C thermisch denaturiert, wobei sich die beiden Stränge der DNA-Doppelhelix trennen. Eine sich anschließende Temperaturabsenkung auf etwa 50°-60°C ermöglicht die gegenläufige Hybridisierung zweier kurzer, in massivem Überschuss vorliegender, synthetischer Oligonukleotide (Primer) an ihre komplementären Sequenzen auf der Template-DNA am Strang und Gegenstrang (Annealing). Die beiden Primer flankieren den zu amplifizierenden DNA-Bereich und erlauben den Einbau von freien Nukleotiden durch thermostabile DNA-abhängige-DNA-Polymerasen an ihren freien 3´-OH-Enden. Somit können die Einzelstränge zu Doppelsträngen in 5`→ 3`-Richtung enzymatisch komplettiert werden (Elongation). Hieraus resultiert eine Verdopplung der Template-DNA. Die Menge des gewünschten PCR-Produktes steigt folglich im Verlauf der Reaktion aufgrund der zyklischen Wiederholung von Denaturierung, Annealing und Elongation bis zum Erreichen einer Plateauphase exponentiell an. Die Qualität und Quantität der resultierenden PCR-Produkte wird dabei maßgeblich durch die Wahl der thermostabilen DNA-abhängigen-DNA-Polymerase und des verwendeten Puffers sowie der $MgCl_2$-Konzentration beeinflusst. So zeigt die *Taq*-Polymerase zwar einerseits eine hohe Syntheserate von bis zu 2.800bp/min, besitzt aber andererseits keine 3´-5´-Exonuklease-Aktivität (proofreading). Aufgrund der daraus resultierenden relativ hohen Fehlerrate von etwa 10^{-5} je eingebauter Base verbietet sich die Verwendung der *Taq*-Polymerase, wenn das Amplifikat kloniert werden soll. Für diese Zwecke und für Mutagenese-PCRs wurde auf die *KAPA* HiFi™ DNA-Polymerase zurückgegriffen, die sich durch eine Korrekturaktivität (Fehlerrate $\sim 10^{-7}$) und eine ausgesprochen hohe Prozessivität auszeichnet. Dieses, durch Protein-Engineering optimierte Enzym, hat sich im Laufe der vorliegenden Arbeit als zuverlässiger und robuster erwiesen, als andere proofreading-Polymerasen (*Pfu*- bzw. *Pwo*-DNA-Polymerase).

Reaktionsansätze:

Taq-DNA-Polymerase:
    10µl *Taq* 2x Master Mix
    2µl fw-Primer (10pmol/µl)
    2µl rv-Primer (10pmol/µl)
    4µl Q-Solution (5x)
    2µl CoralLoad Fast Cycling Dye (10x)
    + 10-100ng DNA
    ddH_2O ad 20µl Gesamtvolumen

KAPA HiFi™ DNA-Polymerase:
    10µl *KAPA* HiFi™ -Puffer mit $MgCl_2$ (5x)
    1,5µl fw-Primer (10pmol/µl)
    1,5µl rv-Primer (10pmol/µl)
    1,5µl dNTPs (10mM)
    1µl *KAPA* HiFi™ DNA-Polymerase
    + 10-100ng DNA
    ddH_2O ad 50µl Gesamtvolumen

Thermocycler-Programm:

Taq-DNA-Polymerase:				*KAPA* HiFi™ DNA-Polymerase:		
95°C	5min			95°C	3min	
⎧ 95°C	20sec ⎫			⎧ 98°C	20sec ⎫	
⎨ 55°C	20sec ⎬	30 Zyklen		⎨ 55°C	20sec ⎬	
⎩ 68°C	1kbp/min ⎭			⎩ 72°C	2kbp/min ⎭	
68°C	5min			72°C	5min	
4°C	∞			4°C	∞	

3.1.4.1 Ortsspezifische Mutagenese mittels Overlap-Extension-PCR

Unter Verwendung der Overlap-Extension-PCR können zielgerichtet Punktmutationen in der DNA generiert werden. Grundsätzlich ermöglicht die Substitution einzelner Nukleotide in der DNA drei unterschiedliche Varianten der Mutagenese. Zum einen können Mutationen in die DNA eingeführt werden, die innerhalb eines Gens ein anderes Codon entstehen lassen (missense-Mutation). Eine solche sinnverändernde Mutation führt bei der Translation der resultierenden mRNA zum Einbau einer anderen Aminosäure während der Proteinbiosynthese. Weiterhin kann die Änderung der Nukleotidsequenz eine sinnentstellende Mutation erzeugen (nonsense-Mutation). Die Mutagenese bewirkt hier die Entstehung eines Stopp-Codons und führt zum Abbruch der Proteinbiosynthese auf

Methoden

translationaler Ebene. Schließlich bietet die Overlap-Extension-PCR die Möglichkeit, stille Mutationen in die DNA einzuführen (silent-Mutation), bei der ein Codon entsteht, welches für die gleiche Aminosäure codiert. Dies ist aufgrund der Degenerierung des genetischen Codes möglich.

In der vorliegenden Arbeit musste eine Erkennungssequenz für die Restriktionsendonuklease NcoI (ccatgg) innerhalb des offenen Leserahmens (ORF) des humanen Interleukin-1 Rezeptorantagonisten (hIL-1Ra) mutiert werden. Dazu wurde die Pyrimidinbase „T" durch die Pyrimidinbase „C" substituiert. Die im Triplett codierte Aminosäure Histidin wurde hierdurch nicht verändert.

Als Template diente der Klonierungsvektor pCMV-SPORT6, welcher den ORF des hIL-1Ra codierte. Mit den zueinander komplementären mutagenen Primern h_IL-1Ra_rv_mut (Primer 2) und h_IL-1Ra_fw_mut (Primer 3) wurde die Punktmutation eingeführt. In der ersten Reaktion (PCR 1) ergab sich ein PCR-Produkt, flankiert von den Primern h_IL-1Ra_fw_NcoI und h_IL-1Ra_rv_mut (Primer 1 und Primer 2), dass an seinem Ende die Mutation trug. Mit den beiden Primern h_IL-1Ra_fw_mut und h_IL-1Ra_rv_NotI (Primer 3 und Primer 4) wurde von der Matrizen-DNA ausgehend das zweite PCR-Produkt (PCR 2) amplifiziert. Es trug ebenfalls die Punktmutation. In der nun folgenden Fusions-PCR wurden beide PCR-Produkte eingesetzt. Sie konnten an ihren komplementären Enden hybridisieren und wurden an den 3′-OH-Enden von der DNA-abhängigen-DNA-Polymerase verlängert. Durch die gleichzeitige Zugabe der Primer 1 und 4 konnte die mutierte DNA amplifiziert werden (Abb. 12).

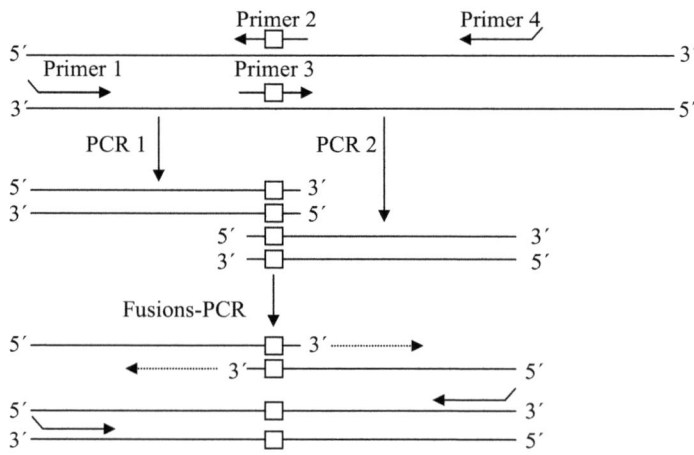

Abb. 12: **Schematische Darstellung der Abläufe bei der Overlap-Extension-PCR**

PCR 1:   10µl *KAPA* HiFi™ -Puffer mit MgCl$_2$ (5x)
             1,5µl h_IL-1Ra_fw_NcoI (10pmol/µl)
             1,5µl h_IL-1Ra_rv_mut (10pmol/µl)
             1,5µl dNTPs (10mM)
             1µl *KAPA* HiFi™ DNA-Polymerase
             33,5µl ddH$_2$O
             1µl pCMV-SPORT6-hIL-1Ra (10ng)
             50µl Gesamtvolumen

PCR 2:   10µl *KAPA* HiFi™ -Puffer mit MgCl$_2$ (5x)
             1,5µl h_IL-1Ra_fw_mut (10pmol/µl)
             1,5µl h_IL-1Ra_rv_NotI (10pmol/µl)
             1,5µl dNTPs (10mM)
             1µl *KAPA* HiFi™ DNA-Polymerase
             33,5µl ddH$_2$O
             1µl pCMV-SPORT6-hIL-1Ra (10ng)
             50µl Gesamtvolumen

Thermocyler-Programm (PCR 1 und 2):

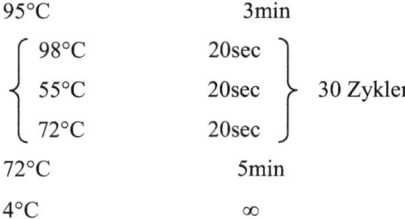

Fusions-PCR: 10µl *KAPA* HiFi™ -Puffer mit MgCl$_2$ (5x)
             1,5µl h_IL-1Ra_fw_NcoI (10pmol/µl)
             1,5µl h_IL-1Ra_rv_NotI (10pmol/µl)
             5µl Amplifikat 1. PCR
             5µl Amplifikat 2. PCR
             1µl *KAPA* HiFi™ DNA-Polymerase
             26µl ddH$_2$O
             50µl Gesamtvolumen

Thermocyler-Programm (Fusions-PCR):

95°C   3min
⎡ 98°C   20sec ⎤
⎨ 55°C   20sec ⎬ 30 Zyklen
⎣ 72°C   45sec ⎦
72°C   5min
4°C   ∞

Methoden

Tab. 3: Übersicht über die amplifizierten hIL-1Ra-Fragmenten in der Overlap-Extension-PCR

DNA-Fragment aus:	Sequenzlänge der resultierenden Amplifikate
PCR 1	276bp
PCR 2	303bp
Fusions-PCR	549bp

Für die Fusions-PCR wurden drei parallele Ansätze pipettiert, die nach der PCR in einem 1,5ml-Reaktionsgefäß vereinigt und anschließend über das GenElute™ PCR Clean-Up Kit gereinigt wurden. Das mutierte DNA-Fragment wurde mit 30µl TE-Puffer von der Säule eluiert. Um die Ligation des DNA-Fragmentes in den Zielvektor zu ermöglichen, mussten die Enden der Amplifikate zunächst mit NcoI und NotI verdaut werden, um kompatible Überhänge zu generieren. Die hierfür erforderlichen Erkennungssequenzen der beiden Restriktionsendonukleasen wurden durch die endständigen Primer h_IL-1Ra_fw_NcoI und h_IL-1Ra_rv_NotI in das Amplifikat eingebracht. Der präparative Restriktionsverdau mit NcoI sowie NotI wurde über Nacht bei 37°C durchgeführt und die endständig gespaltenen Amplifikate aus der Fusions-PCR schließlich mittels präparativer Agarosegel-Elektrophorese isoliert (siehe 3.1.3.1).

3.1.4.2 Reinigung von PCR-Ansätzen mittels GenElute™ PCR Clean-Up Kit

Das Kit ermöglichte die schnelle Reinigung von PCR-Amplifikaten von 100bp bis 10kbp Länge aus PCR-Ansätzen. Dabei konnten überschüssige PCR-Komponenten wie nichteingebaute Nukleotide, Primer oder DNA-Polymerasen nach der PCR aus den Ansätzen entfernt werden. Die gereinigten Nukleinsäuren wurden anschließend direkt weiterverwendet. Die Reinigungsprozedur wurde nach dem Protokoll des Herstellers durchgeführt (Sigma-Aldrich 2004).

3.1.5 Reverse Transkription mit dem iScript™ cDNA Synthese Kit

Bei der reversen Transkription wurde RNA in komplementäre DNA (cDNA) umgeschrieben und in der anschließenden Realtime quantitativen PCR (qRT-PCR) als Template eingesetzt. Für die reverse Transkription wurde die iScript™ Reverse Transkriptase verwendet. Dieses Enzym wurde unter Verwendung von einem klonierten Mo-MLV Reverse Transkriptase Gen (Moloney-Mausleukämievirus) hergestellt. Die RNA-abhängige-DNA-Polymerase verwendet als Substrat dNTPs und benötigt Mg^{2+}-Ionen. Ferner zeigt das Enzym eine Ribonuklease H-Aktivität, die exonukleolytisch den RNA-Strang in einem DNA-RNA-Hybrid abbaut (Biorad 2007).

Reaktionsansatz: 4µl 5x iScript™ Reaction Mix
1µl iScript™ Reverse Transkriptase
+ 500ng RNA
ddH_2O ad 20µl Gesamtvolumen

Die Reaktionen wurden in 0,2ml-PCR-Plastikreaktionsgefäßen in einem Thermocycler durchgeführt. Dabei wurde das Reaktionsgemisch zunächst für 5min bei 25°C inkubiert. Dem schloss sich eine 30minütige Inkubation bei 42°C an, bei der die Umschreibung der RNA in cDNA erfolgte. Schließlich wurde die Probe zur Inaktivierung der Reversen Transkriptase für 5min auf 85°C erhitzt. Nach Abkühlung auf 4°C wurde 1µl in der qRT-PCR als Matrize eingesetzt.

3.1.6 Realtime quantitative PCR (qRT-PCR)

Die qRT-PCR basiert auf dem Prinzip der klassischen PCR und ermöglicht neben dem spezifischen Nachweis auch die exakte Quantifizierung von DNA oder cDNA in einer Probe. Die Quantifizierung wird mit Hilfe von Fluoreszenz-Messungen durchgeführt, die während eines PCR-Zyklus erfasst werden. Das Fluoreszenzsignal nimmt dabei proportional mit der Menge der gebildeten PCR-Produkte zu. Maßgeblich für die präzise Quantifizierung der DNA- bzw. cDNA-Startmengen sind die sogenannten C_T- oder C_P- (Cycle Threshold bzw. Crossing Point) Werte. Diese Werte beschreiben den Amplifikationszyklus, bei dem das Fluoreszenzsignal während der exponentiellen Phase der PCR spezifisch aus dem Hintergrund tritt und werden am Ende eines Laufs automatisch von der Computersoftware des Realtime-Thermocyclers berechnet. Letztlich bilden die C_T-Werte die Grundlage von zwei prinzipiellen Quantifizierungsstrategien – die absolute und die relative Quantifizierung.

Methoden

In dieser Arbeit wurde der unspezifisch DNA-interkalierende Fluoreszenzfarbstoff SYBR Green I zur Quantifizierung genutzt. Bei der Einlagerung von SYBR Green I in neugebildete Amplifikate, deren Größe idealerweise zwischen 100 und 150bp liegen sollte, steigt die Fluoreszenz des Farbstoffes an und wird gemessen. Die Zunahme der Target-DNA korreliert daher mit der Zunahme der Fluoreszenz von Zyklus zu Zyklus. Die qRT-PCRs wurden mit Hilfe des iCyclers iQ von BioRad und unter Verwendung des QuantiFast^{TM} SYBR Green Mix (Qiagen 2007) nach einem einheitlichen Profil durchgeführt.

95°C	5min	
95°C	10sec	} 45 Zyklen, <u>Fluoreszenzmessung</u>
65°C	30sec	
95°C	1min	
52°C	1min	
52°C	10sec	} 86 Zyklen ($^{+0,5°C}/_{2.Zyklus}$), <u>Schmelzkurvenanalyse</u>
15°C	∞	

Mit der Schmelzkurvenanalyse konnte die Spezifität der gebildeten Amplifikate überprüft werden. Dabei wurde die DNA durch eine kontinuierliche Temperaturerhöhung aufgeschmolzen. Bei einer für das Fragment spezifischen Schmelztemperatur denaturierte der Doppelstrang zu zwei einzelsträngigen Molekülen und SYBR Green I wurde freigesetzt. Die daraus resultierende Fluoreszenzabnahme wurde registriert und graphisch abgebildet.

<u>Reaktionsansätze:</u>

<u>Für QuantiTect-Primer:</u>

10µl 2x QuantiFast^{TM} SYBR Green Mix
7µl ddH$_2$O
2µl QuantiTect-Primer (Qiagen)
1µl Probe
<u>20µl Gesamtvolumen</u>

<u>Für selbst kreierte Primer :</u>

10µl 2x QuantiFast^{TM} SYBR Green Mix
7µl ddH$_2$O
1µl fw-Primer (10pmol/µl)
1µl rv-Primer (10pmol/µl)
1µl Probe
<u>20µl Gesamtvolumen</u>

Dem 2x QuantiFast^{TM} SYBR Green Mix wurde zusätzlich der Fluoreszenzfarbstoff Fluorescein (Endkonzentration 10nM) beigemengt, der für die interne „Well-Factor"-Kalibrierung des iCyclers iQ notwendig war.

Methoden

3.1.6.1 Relative Quantifizierung mit der qRT-PCR

Relative Quantifizierungen werden angewendet, wenn Veränderungen der Genexpression oder der Genomzahl in Proben miteinander verglichen werden. Dabei werden die Mengen des Zielgens, das analysiert werden soll, mit den Mengen eines oder mehrerer Referenzgene in den jeweiligen Proben miteinander verglichen und das Ergebnis als Verhältnis dieser Gene dargestellt. Bei den Referenzgenen handelt es sich um nicht-regulierte Gene, die somit die Basis für die Normalisierung von Unterschieden zwischen den einzelnen Proben bieten.

Für die relative Quantifizierung der mRNA-Expression wurde aus den Zellen zunächst die Gesamt-RNA isoliert (siehe 3.2.2.2), die anschließend unter Benutzung des iScript^{TM} cDNA Synthese Kits in cDNA umgeschrieben wurde. In der qRT-PCR wurde dann jeweils 1µl cDNA eingesetzt. Die Genexpressionsmessung des Zielgens erfolgte im Duplikat, die zur Normalisierung herangezogenen mRNA-Expressionen der Referenzgene Beta-Aktin und GAPDH wurden jeweils nur als Einfachmessungen vorgenommen. Bei der Erstellung der Primersequenzen mit NCBI Primer-Blast (www.ncbi.nlm.nih.gov/tools/primer-blast) und dem Plasmid Editor ApE fand neben der Templatespezifität die cDNA-Spezifität besondere Beachtung. Durch die Verwendung Intron-überspannender bzw. Splice-Site-überspannender Primer wurde sichergestellt, dass in der PCR ausschließlich cDNA und keine genomische DNA amplifiziert wurde, was zu einer Beeinflussung der Resultate geführt hätte. Die von der Firma Qiagen erworbenen QuantiTect-Primer waren ebenfalls sequenzspezifisch für cDNA.

Für die relative Genomquantifizierung von FAD- und foamyviralen Vektoren in den Experimenten zur Langzeitkinetik, wurde die DNA mittels QIAamp$^®$ DNA Mini Kit aus den Zellen isoliert (siehe 3.2.2.1), photospektrometrisch gemessen und 10ng in der qRT-PCR eingesetzt. Zur Normalisierung der genomischen Zell-DNA wurden Bereiche des Beta-Aktin- und GAPDH-Gens (bei humanen Zellen) bzw. Beta-Aktin und Tubulin, Beta 5-Gens amplifiziert (bei Rattenzellen).

Zur Berechnung der relativen Genexpression und der relativen Genomquantifizierung wurde das auf dem $\Delta\Delta C_T$-Algorithmus (Vandesompele et al. 2002) basierende Gene Expression Macro^{TM} V1.1 (BioRad 2004) für Microsoft Excel 2007 genutzt.

Methoden

3.1.6.2 Absolute Quantifizierung mit der qRT-PCR

Diese Methode wird angewendet, um die absolute Konzentration (Molekülmenge oder Molekülgesamtgewicht) eines Zielgens in einer Probe zu messen. Dafür wird der C_T-Wert dieser Probe mit den C_T-Werten eines definierten, bekannten, externen Standards verglichen. Dazu wird die PCR mit einer Verdünnungsreihe des Standards durchgeführt. Die Computersoftware des Realtime-Thermocyclers trägt am Ende des Laufs die angegebenen Standardkonzentrationen gegen die ermittelten C_T-Werte auf und berechnet hieraus eine Regressionsgerade. Die Software bestimmt dann anhand des C_T-Wertes der Probe automatisch dessen Konzentration durch Vergleich mit der Standardkurve.

Das Verfahren wurde eingesetzt, um die Partikelzahl freigesetzter foamyviraler Vektoren nach einer Primärtransduktion von FAD-11 im Zellkulturüberstand zu quantifizieren. Als Basis für den externen Standard diente das Plasmid pMH87tet-hIL-1Ra, dass zunächst mit den Restriktionsenzymen NarI und XhoI gespalten wurde. Durch diesen Restriktionsverdau wurde das nahezu vollständige Tetracyclin-regulierte foamyvirale Vektorgenom (10,17kbp) vom Plasmidrückgrat freigesetzt und über eine präparative Agarosegel-Elektrophorese isoliert. Von der so vorbereiteten Standard-DNA wurde eine Verdünnungsreihe, deren Konzentrationsbereich zwischen 1ng (151,51amol) und $1x10^{-5}$ng ($1,51x10^{-3}$amol) lag, vorbereitet und die qRT-PCR mit dieser Verdünnungsreihe des Standards zur Ermittlung der Standardkurve durchgeführt. Bei den zu quantifizierenden Proben wurde jeweils 1µl des nativen Zellkulturüberstandes zum Reaktionsansatz gegeben und in der qRT-PCR amplifiziert. Die Messungen der externen Standards und der Proben erfolgte immer im Duplikat. Das Amplikon hatte dabei eine Größe von 111bp und lag im PFV-*gag*.

3.1.7 DNA-Sequenzierung nach Sanger mit der Kettenabbruchmethode und fluoreszenzmarkierten Didesoxynukleotiden

Diese Sequenziermethode basiert auf dem Kettenabbruch-Prinzip bei der DNA-Synthese und wurde 1977 von Sanger et al. entwickelt (Mülhardt 2003). Bei der Sequenzreaktion wird die zu sequenzierende DNA zunächst durch Hitze denaturiert, mit einem Primer hybridisiert und dieser mit Hilfe einer thermostabilen DNA-abhängigen-DNA-Polymerase verlängert. Zusätzlich zu den vier üblichen 2`-Desoxynukleotiden (dATP, dGTP, dCTP, dTTP) enthält der Ansatz noch eine definierte Menge von vier spezifisch-fluoreszenzmarkierten 2`,3`- Didesoxynukleotiden. Deren fehlende –OH -Gruppe am dritten C-Atom der Ribose führt zum Abbruch der DNA-Synthese. Der Einbau eines fluoreszenzmarkierten 2`,3`-Didesoxynukleotides erfolgt dabei nach den Gesetzen der Statistik, womit sich eine Vielzahl von Fragmenten unterschiedlicher Größe ergibt, wenn der

Reaktionsablauf von DNA-Denaturierung, Primerhybridisierung, Kettenverlängerung und Kettenabbruch nur genügend oft zyklisch wiederholt wird. Diese zyklische Reaktion, die auf einem Thermocycler erfolgt, stellt eine weitere Anwendung der PCR dar, obgleich hieraus nur eine lineare Amplifikation resultiert. Das automatische Sequenzanalysegerät trennt die unterschiedlichen Fragmente dann kapillarelektrophoretisch ihrer Länge nach auf, regt das jeweilige endständige fluoreszenzmarkierte 2`,3`-Didesoxynukleotid mittels Laserstrahlung an und detektiert dessen Fluoreszenz. Aus der Bandbreite der Informationen von Kettenlänge und spezifischer Fluoreszenz kann die Sequenz des gesamten DNA-Stranges abgeleitet werden.

Zur Durchführung der Sequenzierung kam das Big Dye® Terminator V1.1 Cycle Sequencing Kit von Applied Biosystems zum Einsatz.

Mix: 1µl sequenzspezifischer Primer (10pmol)
      1µl BigDye®-Prämix
      50-500ng DNA
      ddH$_2$O ad 5µl Gesamtvolumen

Die Sequenzreaktion wurde auf dem Thermocycler nach dem folgenden Profil durchgeführt:

96°C	10sec	
55°C	5sec	25 Zyklen
60°C	4min	

Die Sequenzansätze wurden im Sequenzlabor des VIM aufgearbeitet und analysiert und die resultierenden DNA-Sequenzen im Anschluss daran mit Hilfe entsprechender Computersoftware (ApE Plasmid Editor) ausgewertet.

Methoden

3.2 Zellbiologische und Proteinbiochemische Methoden

3.2.1 Kultivierung adhärenter Zelllinien

Alle für die Zellkultur verwendeten Lösungen und Zellkulturmedien wurden vor Gebrauch durch Filtration oder Autoklavieren bei 120°C sterilisiert. Desweiteren wurden alle Zellkulturarbeiten an der Sterilwerkbank mit sterilisierten Glaspipetten oder serologischen Einmal-Pipetten durchgeführt. Für die Kultivierung der eukaryotischen Monolayer-Zellen fanden diverse sterile Zellkultur-Plastikwaren (z.B. T-75 Zellkulturflaschen, 10cm-Schalen, 24-Loch-Kulturplatten etc.) Verwendung. Alle in dieser Arbeit eingesetzten Kulturen wurden im Brutschrank bei 37°C und 5% CO_2 gehalten.

Für die Experimente wurden die permanenten Zelllinien A549, BHK-21, CHO-K1, HeLa, HEK-293T, HepG2, hMSC-TERT4 und HT1080 verwendet. Ferner wurden aus Rattenkniegelenken isolierte primäre Synovialzellen kultiviert (siehe 3.3.2). Die Passagierung der permanenten Zellkulturen erfolgte nach ca. 4-5 Tagen bei einer Konfluenz von etwa 80%. Dazu wurde das Zellkulturmedium entfernt, die Zellen einmal mit PBS gewaschen und anschließend mit ATV-Lösung bei 37°C trypsiniert. Die Trypsinierung erfolgte bis zum vollständigen Ablösen der Zellen vom Boden des Zellkulturgefäßes und wurde schließlich durch das Hinzufügen serumhaltigen Mediums gestoppt. Die Zellsuspension wurde daraufhin aus dem Kulturgefäß gewonnen, für 3min bei 450 x g zentrifugiert und nach Dekantieren des Überstandes in frischem Zellkulturmedium resuspendiert. Für die routinemäßige Haltung der Zellen wurde ein Zehntel bzw. ein Viertel (galt nur für hMSC-TERT4) der Zellsuspension in das ursprüngliche Zellkulturgefäß zurücktransferiert und die Zellen nach der Zugabe einer entsprechenden Menge Zellkulturmedium subkultiviert. Die restlichen Zellen der Suspension wurden versuchsabhängig in weiteren Zellkulturgefäßen ausgesät oder verworfen.

Verwendete Zellkulturmedien:

A549	DMEM - Ham´s F12 (PAA)
BHK-21	DMEM - High Glucose (Invitrogen)
HeLa	DMEM - High Glucose (Invitrogen)
HEK-293T	MEM + 0,01% Glutamat (Medienküche, Institut)
HepG2	DMEM - Ham´s F12 (PAA)
hMSC-TERT4	DMEM - High Glucose (Invitrogen)
HT1080	DMEM - High Glucose (Invitrogen)
Synovialzellen	DMEM - Ham´s F12 (PAA)

Die Zellkulturmedien wurden mit 10% FCS (hitzeinaktiviert, 30min bei 56°C), 100U/ml Penicillin G und 100µg/ml Streptomycin supplementiert.

Methoden

ATV-Lösung: 137mM NaCl
(Medienküche, VIM)   5,4mM KCl
                                      5mM D-Glucose
                                      70mM $NaHCO_3$
                                      500mg/l Trypsin
                                      200mg/l Versene (EDTA)

3.2.1.1 Bestimmung der Zellzahl mit der Neubauer-Zählkammer

Die Zellzahl und Vitalität wurden mittels Trypanblau-Lösung untersucht. Trypanblau färbt nur tote Zellen an, bei lebenden Zellen hingegen verhindert die intakte Zellmembran ein Eindringen des anionischen Farbstoffs. Dazu wurden die beiden Stege der Neuerbauer-Zählkammer angefeuchtet, das Deckglas daraufgelegt und bis zum Entstehen regenbogenartiger Schnürringe (Newtonsche Ringe) angedrückt. Die Zellsuspension wurde 1:10 mit Trypanblau-Lösung verdünnt, das Gemisch zwischen Deckglas und Zählkammer pipettiert und die Zellzahl unter dem Lichtmikroskop bestimmt. Für die Berechnung der Lebendzellzahl wurden nur die nicht-angefärbten Zellen berücksichtigt.

Formel zur Berechnung der Zellzahl:

$$\frac{N}{Q} \times \text{Verdünnungsfaktor} \times 10^4 = \underline{\text{Zelldichte (Zellen/ml)}}$$

N: gezählte Zellen   Q: Anzahl ausgezählter Großquadrate der Neubauer-Zählkammer

3.2.1.2 Einfrieren und Auftauen von eukaryotischen Zellen

Eukaryotische Zellen wurden unter Zusatz von 10% DMSO kryokonserviert. DMSO hemmt die Bildung von Eiskristallen während des Einfrierprozesses, diese können Zellorganellen zerstören und so zum Absterben der Zellen führen. Die zu konservierende Zellkultur wurde zunächst mittels ATV-Lösung trypsiniert, in einem 15ml-Zentrifugenröhrchen für 3min bei 450 x g pelletiert und nach Dekantieren des Überstandes in 5ml PBS resuspendiert. Nach nochmaliger 3minütiger Zentrifugation wurde das Zellsediment schließlich in 4 bis 5ml FCS aufgenommen. Von dieser Zellsuspension wurden jeweils 900µl in Kryoröhrchen (Nalgene) pipettiert, 100µl sterilfiltriertes DMSO bei Raumtemperatur ergänzt und zur Minimierung zytotoxischer DMSO-Effekte sorgsam vermengt. Mit Hilfe des Isopropanol-gefüllten Kryoeinfriergerätes, welches kontrollierte Kühlraten von 1°C/min ermöglichte, wurden die Zellen langsam bis -80°C eingefroren. Die Langzeitlagerung erfolgte bei -196°C im flüssigen Stickstoff. Das Wiederauftauen der Zellen wurde durch rasches Erwärmen des Kryoröhrchens bei 37°C im Wasserbad durchgeführt. Die Zellsuspension wurde in einer T-75 Zellkulturflasche, die etwa 14ml Zellkulturmedium beinhaltete, resuspendiert. Am darauffolgenden Tag wurde das Medium gewechselt, um Reste von DMSO zu entfernen.

3.2.1.3 Transfektion adhärenter eukaryotischer Zellen mit Polyethylenimin

Als Transfektion wird das Einbringen von Fremd-DNA in eukaryotische Zellen bezeichnet. Dabei bedient man sich verschiedener Methoden, bei denen die DNA entweder aktiv über physiologische Zellvorgänge oder passiv über physikalische Impulse in die Zellen eingeschleust wird. Die übertragene Fremd-DNA soll die Möglichkeit einer heterologen Proteinexpression in den Zellen eröffnen. Aus diesem Grunde tragen die eingebrachten Vektoren neben dem kodierenden Bereich des Gens, das exprimiert werden soll, stromaufwärts davon gelegene eukaryotische Promoterelemente. Weiterhin kann zwischen einer transienten Transfektion, bei der nur ein zeitweiliges Einbringen der Fremd-DNA in die Wirtszelle erfolgt, voraus eine zeitlich limitierte Expression des Transgens resultiert, und einer stabilen Transfektion, bei der es zur dauerhaften Expression des Transgens kommt, unterschieden werden. Bei den transienten Transfektionen dieser Arbeit wurde das Transfektionsreagenz Polyethylenimin (PEI) eingesetzt. Bei PEI handelt es sich um ein synthetisches kationisches Polymer, das durch seine hohe Ladungsdichte Nukleinsäuren bindet und komplexiert. PEI/DNA-Komplexe werden über Endocytose effizient von einer Vielzahl von Zelllinien aufgenommen. Zusätzlich schützt PEI die DNA vor intrazellulärer Degradierung und ermöglicht deren Translokation in den Zellkern.

Der Zeitrahmen eines Transfektionsexperimentes erstreckte sich im Allgemeinen über 4-5 Tage. Am ersten Tag wurden die zu transfizierenden Zellen in entsprechende sterile Zellkultur-Plastikwaren mit einer Konfluenz von ungefähr 60% ausgesät und für 24h bei 37°C und 5% CO_2 im Brutschrank inkubiert. Am nachfolgenden Tag wurden die Zellen, deren Konfluenz nun bei etwa 80% lag, mit PBS gewaschen und frisches Zellkulturmedium im ursprünglichen Volumen wieder hinzugefügt. Anschließend wurde die DNA mit PEI in einem Verhältnis von 1 zu 3 komplexiert. Dazu wurden in zwei getrennten Ansätzen die DNA-Lösung sowie die PEI-Lösung mit serumfreiem MEM zu gleichen Volumina hergestellt. Die beiden Lösungen wurden vereint und für 30min bei Raumtemperatur inkubiert. Die Transfektion erfolgte schließlich durch langsames und tröpfchenweises Applizieren der Transfektionsmischung zu den Zellen. Die gleichmäßige Verteilung der Transfektionsmischung wurde durch leichtes Schwenken der Zellkulturschale gewährleistet. Die nun transfizierten Zellen wurden dann für weitere 24h im Brutschrank inkubiert. Am dritten Tag wurde das Medium erneut gewechselt und die Zellen für weitere 24 bis 48h im Brutschrank inkubiert. Die Zellen konnten schließlich geerntet und durchflusscytometrisch bzw. fluoreszenzmikroskopisch untersucht werden, oder wurden zur Gewinnung von Proteinproben für den Western-Blot homogenisiert.

Alternativ dazu wurde der Zellkulturüberstand abgenommen, sterilfiltriert und stand für weitere Experimente, wie foamyvirale Vektorproduktion bzw. Expression von rekombinantem hIL-1Ra, zur Verfügung.

PEI-Lösung (25kda, linear): 1µg/µl in ddH$_2$O (pH 7,2), sterilfiltriert

3.2.1.4 Verpackung foamyviraler Vektoren in HEK-293T Zellen

Die Co-Transfektion der foamyviralen Verpackungs- und Vektorplasmide wurde in HEK-293T Zellen durchgeführt. Diese Zellen lassen sich mit PEI effizient transfizieren und exprimieren zudem das SV40 große T-Antigen. Durch Bindung an den SV40-Replikationsursprung der Plasmide initiiert das große T-Antigen über seine Helikase-Aktivität in Anwesenheit von Wirtsproteinen die intrazelluläre Plasmid-Replikation. Daneben kann eine zusätzliche Steigerung der Proteinexpression durch die Zugabe von Natriumbutyrat, das eine Stimulation der CMV-Promotoren der Transgene bewirkt, erreicht werden (Tanaka et al. 1991).

Vierundzwanzig Stunden vor Beginn der Transfektion wurden zunächst 6x10^6 HEK-293T Zellen pro 10cm Schale in 10ml MEM ausgesät und bei 37°C und 5% CO$_2$ im Brutschrank inkubiert. Die Verpackung foamyviraler Vektoren ab dem zweiten Tag wurde gemäß den Arbeitsschritten der nachfolgenden Tabelle durchgeführt:

Tag 2:

Arbeitsschritt	Reagenz	Benötigte Menge
PEI-Lösung	PEI (1µg/µl)	80µl
	serumfreies Medium	420µl
DNA-Lösung	pMD09 (Vektor)	14,1µl (1µg/µl)
	pcoPG4 (PFV-*gag*)	7,6µl (1µg/µl)
	pcoPPwt (PFV-*pol*)	2,3µl (1µg/µl)
	pcoPE (PFV-*env*)	2,3µl (1µg/µl)
	serumfreies Medium	474µl
PEI-Lösung und DNA-Lösung vermischen		
Transfektionsgemisch für 30min inkubieren		
Mediumwechsel der Zellen (10ml MEM)		
Transfektionsgemisch zu den Zellen geben		
Zellen über Nacht bei 37°C und 5% CO$_2$ inkubieren		

Methoden

Tag 3:

Arbeitsschritt	Reagenz	Benötigte Menge
Natriumbutyrat-Induktion	500mM Natriumbutyrat	200µl
Zellen für 6-8h bei 37°C und 5% CO_2 inkubieren		
Mediumwechsel der Zellen (10ml MEM)		
Zellen für 48h bei 37°C und 5% CO_2 inkubieren		

Am fünften Tag wurden die Zellkulturüberstände abgenommen und durch einen 0,45µm-Sterilfilter zellfrei filtriert. Die weitere Aufarbeitung der foamyviralen Vektoren erfolgte mittels Ultrazentrifugation.

50x Natriumbutyrat (500mM): 2,75g Natriumbutyrat
ad 50ml PBS, sterilfiltrieren
Lagerung bei +4°C

3.2.1.5 Konzentration foamyviraler Zellkulturüberstände in der Ultrazentrifuge

Die sterilfiltrierten foamyviralen Vektorüberstände wurden vereint und das Gesamtvolumen in sterile Ultrazentrifugenröhrchen überführt. Im Anschluß an die Ultrazentrifugation (Surespin630 Rotor, Thermo Scientific) für 2h bei 22.000 U/min und 4°C wurden die Mediumsüberstände zunächst bis auf ein Restvolumen von etwa 5ml mit einer serologischen Einmal-Pipette abgenommen. Der gesamte restliche Überstand wurde durch Dekantieren entfernt und die Ultrazentrifugenröhrchen mit dem Boden nach oben zeigend für 5min getrocknet. Letzte Flüssigkeitsreste wurden anschließend mit Zellstofftüchern sorgfältig beseitigt. Die sedimentierten Vektoren wurden in ca. 1% des Ausgangsvolumens in PBS resuspendiert (250-300µl), so dass theoretisch eine ca. 100-fache Konzentration erreicht werden konnte. Die Resuspension erfolgte für 3h auf Eis. Konzentrierte Vektorüberstände wurden aliquotiert und bei –80°C eingefroren.

3.2.1.6 Transduktion von Zielzellen mit foamyviralen Vektoren und Ermittlung der $CCID_{50}$

Als Transduktion wird das Überführen genetischen Materials in Zielzellen mittels viraler Vektoren, die in der Regel replikationsinkompetent sind, bezeichnet. Mit Hilfe foamyviraler Transduktionsexperimente konnte einerseits der Vektortiter aus Verpackungsexperimenten semiquantitativ bestimmt ($CCID_{50}$ = Cell culture infectious dose 50%) und andererseits die Permissivität verschiedener Zelllinien für adenovirale Vektoren untersucht werden.

Methoden

Für die Bestimmung der $CCID_{50}$ wurden in eine 24-Loch-Kulturplatten pro Kavität 2×10^4 HT1080-Zellen, die für PFV hochpermissiv sind, in 500µl Zellkulturmedium ausgesät und über Nacht inkubiert. Am nächsten Tag wurden die durch Ultrazentrifugation konzentrierten bzw. nativen Vektorüberstände in einer Verdünnungsreihe von 10^{-1} bis 10^{-6} bei einem Zielvolumen von 500µl pro Kavität logarithmisch titriert. Die Zellkulturüberstände der HT1080 Zellen wurden entfernt und durch jeweils 500µl des titrierten Inokulums ersetzt. Transduktionen wurden immer im Duplikat durchgeführt. Die Zellen wurden 48h nach Beginn der Transduktion auf die Expression von grün-fluoreszierendem Protein (eGFP) unter dem Fluoreszenzmikroskop kontrolliert und gegebenenfalls für eine durchflusscytometrische Analyse aufgearbeitet. Für die FACS-Analyse wurden die Zellen mit ATV abgelöst, in ein FACS-Röhrchen überführt, für 3min bei $450 \times g$ zentrifugiert und der Überstand dekantiert. Die sedimentierten Zellen wurden mit 50µl 4%-Paraformaldehydlösung fixiert und anschließend im Durchflusscytometer (FACScalibur, Becton Dickinson) untersucht (siehe 3.2.10). Die Interpolation der $CCID_{50}$ erfolgte mit der Statistiksoftware GraphPad Prism 4.0 mittels einer sigmoidalen Dosis-Wirkungs-Kurve.

3.2.2 Isolierung von Nukleinsäuren aus eukaryotischen Zellen

3.2.2.1 Isolierung von DNA aus Zellen

Chromosomale-DNA wurde unter Verwendung des QIAamp® DNA Mini Kits aus Zellen gewonnen. Die DNA-Präparation basiert bei diesem Kit auf der Bindung von Nukleinsäuren an Silikaoberflächen in Gegenwart hoher Konzentrationen von Guanidinhydrochlorid. Nach einem Waschschritt mit alkoholhaltigen Puffern wird die DNA unter Niedrigsalzbedingungen eluiert. Versuchsabhängig wurden dafür in einem 1,5ml-Reaktionsgefäß $0,1-2,0 \times 10^6$ Zellen in 200µl PBS resuspendiert und gemäß dem Herstellerprotokoll aufgearbeitet. Die an die Silikafiltermembran der mitgelieferten Säulen gebundene DNA wurde schließlich mit 30µl AE-Puffer eluiert und stand für nachfolgende Experimente zur Verfügung (Qiagen QIAamp® DNA Mini Kit 2007).

3.2.2.2 Isolierung von RNA aus Zellen

Zelluläre RNA wurde mit dem RNeasy® Plus Mini Kit isoliert. Für alle Arbeiten mit RNA wurden gestopfte Pipettenspitzen und sterile 1,5ml-Reaktionsgefäße verwendet. Außerdem wurden die verwendeten Pipetten durch eine Sprühdesinfektion mit Alkohol gereinigt. Ferner wurden die Komponenten des RNeasy® Plus Mini Kits nur unter der Sterilwerkbank geöffnet, um der Kontaminationsgefahr mit den ubiquitär vorkommenden RNasen weitestgehend zu begegnen. Die

Methoden

RNA-Präparation basiert auch bei diesem Kit auf der Bindung von Nukleinsäuren an Silikaoberflächen in Gegenwart hoher Konzentrationen eines chaotropen Salzes (Guanidinisothiocyanat). Bei der Probenaufarbeitung wurde gemäß den Vorgaben des Herstellerprotokolls vorgegangen (Qiagen RNeasy® Plus Mini Kit 2010). Dabei wurden die Zellen (0,1-2,0 x 10^6) zunächst mit dem Guanidinisothiocyanat-enthaltenden RLT-Plus-Puffer lysiert und homogenisiert. Freigesetzte genomische DNA konnte durch einen Zentrifugationsschritt über die gDNA-Eliminationssäulen des Kits nahezu quantitativ entfernt werden. Nach mehreren Waschschritten mit alkoholhaltigen Puffern, wurde die an die Silikafiltermembran der Säulen gebundene RNA schließlich mit 30µl RNase-freiem Wasser eluiert. Das RNA-Eluat wurde danach sofort auf Eis gestellt und nach einer photospektrometrischen Konzentrationsbestimmung in cDNA umgeschrieben. Die Langzeitlagerung isolierter RNA erfolgte bei -80°C.

3.2.3 Herstellung von Proteinproben für den Western-Blot

Alle Arbeitsschritte erfolgten bei 4°C bzw. auf Eis, um die Proteolyse und Denaturierung von Proteinen zu vermindern. Nach der Entfernung des Zellkulturmediums von den 6cm-Schalen wurden die zu lysierenden Zellen zunächst mit kaltem PBS gewaschen. Danach wurden die Zellen durch die Zugabe von 600µl eiskaltem RIPA-Puffer für 10min auf Eis lysiert. Während der Inkubationszeit wurden die Schalen regelmäßig leicht geschwenkt, um eine gleichmäßige Verteilung des RIPA-Puffers zu gewährleisten. Um die freigesetzte hochmolekulare viskose genomische Zell-DNA zu zerstückeln, wurden Qiagen Shredder-Säulen mit den gewonnenen Zelllysaten beladen und für 1min bei 14.000U/min in der Tischzentrifuge bei 4°C zentrifugiert. Nach der Proteinkonzentrationsbestimmung nach Bradford (siehe 3.2.4) wurden die homogenisierten Zelllysate mit Laemmli-Probenpuffer und Wasser auf eine einheitliche Proteinmenge von 60µg (~1µg/µl) eingestellt. Das im Laemmli-Probenpuffer enthaltene anionische Detergenz SDS bewirkt eine Zerstörung der hydrophoben Wechselwirkungen innerhalb von Proteinen, so dass diese in eine linearisierte Form übergehen. Disulfidbrückenbindungen in den Polypeptidketten wurden durch das zusätzlich enthaltene 2-Mercaptoethanol reduziert. Eine vollständige Denaturierung der Proteine wurde durch eine 5minütige Inkubation der Proben bei 95°C erreicht. Die so vorbereiteten Proben konnten dann nach vorheriger elektrophoretischer Auftrennung mittels SDS-PAGE im Western-Blot analysiert werden, oder wurden bei -20°C gelagert.

RIPA Puffer:	20mM Tris HCl (pH 7,5) 300mM NaCl 1% Natrium-Deoxycholat 1% Triton X-100 0,1% SDS ad 0,5 Liter ddH$_2$O (Lichtgeschützt bei 4°C lagern)
4x Laemmli-Puffer:	8ml 2-Mercaptoethanol 8g SDS 40ml Glycerin 0,4g Bromphenolblau 20ml 1M Tris HCl (pH 6,8) ad 0,1 Liter ddH$_2$O

3.2.4 Bestimmung der Proteinkonzentration nach Bradford

Die Bestimmung der Proteinkonzentration erfolgte mit dem Bradford-Test. Bindet der Farbstoff Coomassie Brilliantblau G-250 positiv geladene Proteine, so findet eine Änderung im Absorptionsmaximum des Farbstoffes von 465nm (protonierte braunrote kationische Form) zu 595nm (nichtprotonierte blaue anionische Form) statt (Luttmann 2006). Die Zunahme der Absorption bei einer Wellenlänge von 595nm kann in einem Photometer erfasst werden und lässt dann einen Rückschluss auf die Proteinkonzentration in der Probe zu. Zunächst wurde das Bradford-Reagenz gemäß den Vorgaben des Herstellers 1 zu 4 mit Wasser verdünnt und sterilfiltriert. Um die gemessenen Probenwerte später einer bestimmten Proteinkonzentration zuordnen zu können, wurde das Photometer gleichzeitig mittels einer linearen BSA-Standardreihe (10µg/ml bis 0,156µg/µl) kalibriert. Für die Messung wurden 2µl einer Proteinprobe bzw. BSA-Standards mit 198µl des verdünnten Bradford-Reagenz mittels eines Vortex-Gerätes gut gemischt. Nach einer Inkubationszeit von 10min erfolgte die photospektrometrische Messung in Einmal-UV-Küvetten bei 595nm.

3.2.5 Diskontinuierliche Tris-Tricin-SDS-Polyacrylamid-Gelelektrophorese

Zur Auftrennung von Proteingemischen nach ihrer Molekularmasse wurde die diskontinuierliche Natriumdodecylsulfat-Polyacrylamid-Gelelektrophorese (SDS-PAGE) eingesetzt. Bei diesem Verfahren werden die Proteine nach ihrem relativen Molekulargewicht, unabhängig von ihrer ursprünglichen Nettoladung, gelelektrophoretisch aufgetrennt. Dabei bildet das anionische Detergenz SDS mit den denaturierten Polypeptidketten Komplexe aus, maskiert deren ursprüngliche Eigenladungen und verleiht ihnen eine negative Nettoladung (Luttmann 2006).

Methoden

SDS-PA-Gele bestanden aus zwei Komponenten, einem Trenn- und einem darüberliegenden Sammelgel, die sich hinsichtlich Ihrer Polyacrylamidkonzentration unterschieden. Das relativ weitporige Sammelgel, welches eine Polyacrylamidkonzentration von 4% aufwies, diente zunächst dazu, die Proteine der aufgetragenen Proben zu sammeln und sie in einer einheitlichen Lauffront zu fokussieren, bevor sie nahezu gleichzeitig in das engporige Trenngel einwanderten, in dem die eigentliche Auftrennung der Proteine nach ihrer Größe erfolgte. Die Gele wurden in dieser Arbeit in vertikale Proteingel-Elektrophoreseapparaturen, zwischen zwei Glasplatten gegossen. Die Reagenzien für das Sammel- und das Trenngel wurden gemäß den in der Tabelle aufgeführten Mengenverhältnissen gemischt. Durch Zugabe von Ammoniumpersulfat (APS) und Tetramethylethylendiamin (TEMED) wurde die Polymerisation eingeleitet. Das Trenngel wurde zuerst gegossen und zur Bildung eine geraden Abschlusskante mit 1ml Isopropanol überschichtet. Nach vollständiger Polymerisierung des Trenngels wurde das Isopropanol abgenommen und das Sammelgel gegossen. Um Auftragungstaschen für die Proteinproben auszusparen, wurden Kämme in das Sammelgel gesteckt. Schließlich wurden in die obere Kammer der Elektrophoreseapparatur Kathodenpuffer und in die untere Kammer Anodenpuffer eingefüllt und die Kämme des Sammelgels sorgfältig herausgezogen. Auf SDS-PA-Gele mit 15er Kämmen konnten 80µl und auf Gele mit 20er Kämmen 50µl Probenvolumen pro Tasche aufgetragen werden. Die Elektrophorese erfolgte bei einer elektrischen Stromstärke von 75mA für ungefähr 3,5h bzw. bis zum Einlaufen des Bromphenolblaus der Lauffront in das Reservoir des Anodenpuffers.

Auftragung pro Tasche: - 5µl PageRuler Prestained Protein Ladder (Fermentas) oder:
                            - 10µl Biotinylated Protein Ladder (Cell Signaling Technology) oder:
                            - 60 µg Proteinprobe

Zusammensetzung der Tris-Tricin-SDS-PA-Gele:

	Trenngel				Sammelgel
Konzentration	**8%**	**10%**	**12%**	**15%**	**4%**
Volumen	20ml/ Gel	20ml/ Gel	20ml/ Gel	20ml/ Gel	10ml/ Gel
Acrylamidlösung	5,3ml	6,6ml	8ml	10ml	1,3ml
Gelpuffer	6,6ml	6,6ml	6,6ml	6,6ml	2,5ml
Glycerol	2,2ml	2,2ml	2,2ml	2,2ml	----
ddH$_2$O	5,9ml	5,6ml	3,2ml	1,2ml	6,2ml
10% - APS	150µl	150µl	150µl	150µl	150µl
TEMED	20µl	20µl	20µl	20µl	20µl

Gelpuffer:	3M Tris HCl (pH 8,45) 0,3% SDS
Ammoniumpersulfat (APS):	10%ig in ddH$_2$O
5x Kathodenpuffer:	0,5M Tris 0,5M Tricin 0,5% SDS
10x Anodenpuffer:	2M Tris HCl (pH 8,9)

3.2.6 Western-Blot-Analyse

Der Western-Blot diente der Analyse von Proteinproben, bei dem einzelne Proteine nach elektrophoretischer Auftrennung in einem SDS-PAGE und Transfer auf eine geeignete Trägermembran durch spezifische Antikörper und eine Chemilumineszenzreaktion nachgewiesen werden konnten.

3.2.6.1 Proteintransfer auf eine Nitrocellulosemembran mittels Semi-Dry-Verfahren

Zunächst wurden die zu untersuchenden Proteinproben mittels einer SDS-PAGE elektrophoretisch aufgetrennt und im Anschluss daran durch Elektroblotting in einer Western-Blot-Apparatur nach dem Semi-Dry-Verfahren auf eine Nitrocellulosemembran transferiert. Dazu wurden 5 Lagen Gel-Blotting-Papier (Whatman) und eine Nitrocellulosemembran auf die Größe des Trenngels zugeschnitten und für 10min in Transferpuffer eingeweicht. Zum Blotten wurden drei Lagen Gel-Blotting-Papier auf die untere Anodenplatte gelegt. Darauf wurde die Nitrocellulosemembran, das Trenngel und 2 weitere Lagen Gel-Blotting-Papier luftblasenfrei gestapelt. Mit einem Glasstab wurden anschließend eventuell vorhandene Luftblasen herausgedrückt und die Kathodenplatte aufgelegt. Der Proteintransfer wurde bei einer angelegten elektrischen Stromstärke von 150mA und einer elektrischen Spannung von 150V für 90min durchgeführt.

Transferpuffer:	50mM Tris 40mM Glycin 0,037% SDS 20% Methanol

3.2.6.2 Proteindetektion mit reversibler Ponceau-S-Färbung

Im Anschluss an die Blotting-Prozedur wurde die Effizienz des Proteintransfers mit einer Ponceau-S-Färbung überprüft. Hierbei bindet der rote Azofarbstoff Ponceau-S reversibel an positiv geladene Aminogruppen der Proteine und färbt diese an. Dazu wurde die Nitrocellulosemembran kurz mit PBS gewaschen und für etwa 10min mit Ponceau-S-Lösung bedeckt, bis rötlich gefärbte Proteinbanden sichtbar wurden, deren Stärken mit der Effizienz des Proteintransfers korrelierten. Um den Kontrast zu verstärken, wurde nichtgebundener Farbstoff mit Wasser von der Nitrocellulosemembran gewaschen. Mit 0,1N Natronlauge konnte die Nitrocellulosemembran vollständig entfärbt werden und wurde unmittelbar danach für die Immundetektion mit Antikörpern weiterverwendet.

3.2.6.3 Immunfärbung von Western-Blots

Transferierte Proteine können mit spezifischen Antikörpern auf der Transfermembran detektiert werden. Bei nahezu allen Western-Blot-Anwendungen werden die Proteine über eine indirekte Markierung spezifisch detektiert, das heißt der Nachweis erfolgt in zwei Schritten. Nach Bindung eines antigenspezifischen Primärantikörpers erfolgt die Detektion mit einem speziesspezifischen, markierten Sekundärantikörper. Dieser bindet an den konstanten Teil des an das Protein gebundenen Primärantikörpers. An den Sekundärantikörper können Enzyme, Fluoreszenzfarbstoffe oder auch radioaktive Marker konjugiert sein, über die die spezifische Proteinbindung detektiert werden kann. In dieser Arbeit war Meerrettich-Peroxidase (HRP) an die Zweitantikörper gekoppelt, die bei Zugabe der ECL-Detektionslösung die Umsetzung in ein lumineszierendes Produkt katalysierte. Diese Lichtemission kann durch Belichtung eines Röntgenfilms oder über ein Chemolumineszenz-Detektionssystem detektiert werden.

Die Nitrocellulosemembran wurde zunächst in eine Glasschale gelegt, der Blot kurz mit PBS gewaschen und unspezifische Proteinbindestellen anschließend durch eine 60minütige Inkubation in einer 5%-PBS-Magermilchlösung blockiert. Nach einem kurzen PBS-Waschschritt wurde der Primärantikörper aufgebracht und der Blot unter sanftem Schütteln über Nacht bei 4°C inkubiert. Am Ende dieser Inkubationszeit wurde überschüssiger und ungebundener Primärantikörper abgenommen, der Blot dreimal mit PBS-0,05% Tween 20 für jeweils 5min gewaschen und der speziesspezifische Sekundärantikörper aufgebracht. Die Inkubation des Blots erfolgte für 120min bei Raumtemperatur auf der Inkubationswippe. Nach erneutem dreimaligen Waschen des Blots mit PBS-0,05% Tween 20 für jeweils 5min wurde ECL-Lösung auf die Membran gegeben.

Die Exposition und Dokumentation der Resultate erfolgte mit dem Chemolumineszenz-Detektionssystem LAS-3000 (FujiFilm). Alle Antikörper wurden je nach Herstellerangabe 1 zu 10 bis 1 zu 5000 in 5%-PBS-Magermilchlösung verdünnt.

Waschpuffer:	0,05% [w/v] Tween 20 in PBS
Blockingpuffer:	5% Magermilchpulver in PBS

3.2.7 Quantitative Immunoassays

Das Grundprinzip aller Immunoassays beruht stets auf der spezifischen Bindung eines Antikörpers mit seinem Paratop an das entsprechende Epitop eines Antigens. Solche Antigen-Antikörper-Reaktionen ermöglichen die Erkennung eines nachzuweisenden Stoffes. Dabei können je nach Assaykonzept sowohl Antigen, als auch Antikörper, der nachzuweisende Stoff sein. Zur Detektion und Konzentrationsbestimmung von humanem Interleukin-1 Rezeptorantagonist (hIL-1Ra) in Zellkulturüberständen wurde ein Enzyme-linked Immunosorbent Assay (ELISA) von R&D Systems eingesetzt, der auf einer Sandwich-Konfiguration basierte. ELISAs sind die am häufigsten verwendeten quantitativen Immunoassays, wobei ein Enzym-vermittelter Substratumsatz die Bestimmung der Antigenkonzentration im Vergleich mit einem externen Standard erlaubt. Die Stärke des Substratumsatzes korreliert dabei direkt mit der Antigenkonzentration.

Den Herstellerangaben (R&D Systems 2006) folgend, wurden zunächst hIL-1Ra-Fangantikörper in den Kavitäten einer 96-Loch-Mikrotiterplatte (MaxiSorp, Nunc) über Nacht adsorbiert. Am darauffolgenden Tag wurden verbliebene freie Proteinbindestellen mit PBS-1% BSA blockiert und nach einem Waschschritt mit PBS-0,05% Tween 20 sowohl die zu analysierenden Zellkulturüberstände, als auch der externe Standard aufgetragen und für 2h inkubiert. Hierbei wurde der externe Standard als lineare Verdünnungsreihe von 5ng/ml bis 39pg/ml pipettiert. Nach einem erneuten Waschschritt wurde der Biotin-gekoppelte hIL-1Ra-Detektionsantikörper hinzugegeben und ebenfalls für 2h inkubiert. Dem schloss sich abermals ein stringentes Waschen mit PBS-0,05% Tween 20 an, dem die Zugabe von Streptavidin-HRP folgte. Die Streptavidin/Biotin-Wechselwirkung koppelte das Enzym HRP (Meerrettich-Peroxidase) spezifisch an den Antigen-Antikörper-Komplex, welches die Substratumsetzung des farblosen Chromogens TMB (3,3'5,5'-Tetramethylbenzidin) in ein blaues Produkt ($\lambda=370nm$) katalysierte. Die Inkubation mit TMB erfolgte für 20min und wurde durch Zugabe von 2M H_2SO_4 gestoppt, was einen Farbumschlag nach gelb ($\lambda=450nm$) zur Folge hatte, der am ELISA-Reader photospektrometrisch gemessen werden konnte.

Methoden

Die Quantifizierung der Zellkulturüberstände erfolgte mit der Computersoftware SOFTmax PRO V3.0 über die Generierung einer Vier-Parameter logistischen Regressionskurve aus den Messwerten der linearen Standardreihe.

Zur Detektion und Konzentrationsbestimmung von Prostaglandin E_2 (PGE_2), einem entzündungsförderndem Arachidonsäurederivat, in Zellkulturüberständen wurde ebenfalls ein quantitativer Immunoassay von R&D Systems (R&D Systems 2009) eingesetzt, der jedoch auf einem kompetitiven Prinzip beruhte. Das Antigen (PGE_2) aus den Zellkulturüberständen konkurrierte dabei mit einer definierten Menge HRP-gekoppeltem PGE_2 um die gleichen freien Bindestellen einer Antikörperpopulation in den Kavitäten einer Mikrotiterplatte. Je mehr PGE_2 im Zellkulturüberstand vorhanden war, desto stärker wurde das HRP-gekoppelte PGE_2 verdrängt und desto schwächer fiel die Substratumsetzung von TMB aus. Ähnlich einem klassischen Sandwich-ELISA erlaubte eine externe Standardreihe die Berechnung der PGE_2-Konzentrationen in den Zellkulturüberständen mittels einer Vier-Parameter logistischen Regressionskurve.

3.2.8 Immunfluoreszenzfärbung von Zellen

Die Immunfluoreszenz dient der Identifizierung und *in situ*-Lokalisation immunologisch reaktiver Zellstrukturen durch spezifische Antigen-Antikörper-Bindungen. Bei dieser immunhistochemischen Methode werden Fluorochrom-gekoppelte Antikörper eingesetzt, die eine fluoreszenzmikroskopische Visualisierung von Zielepitopen ermöglichen. Grundsätzlich kann dabei zwischen einer direkten und einer indirekten Antigenmarkierung unterschieden werden. Bei der direkten Strategie ist der eingesetzte antigenspezifische Primärantikörper bereits fluoreszenzmarkiert und kann direkt detektiert werden. Bei der indirekten, mehrstufigen Strategie ist der Primärantikörper unkonjugiert und wird indirekt durch die Bindung eines speziesspezifischen, fluoreszenzmarkierten Sekundärantikörpers detektiert.

Zu Beginn wurden sterile Deckgläser mit Poly-L-Lysin-Lösung (Sigma) beschichtet und für 10min inkubiert. Diese Oberflächenbehandlung der Deckgläser ermöglichte die Zelladhäsion. Die behandelten Deckgläser wurden dann in 6-Loch-Kulturplatten überführt und auf ihnen die zu untersuchenden Zellen ausgesät. Diese Zellen konnten am folgenden Tag transfiziert oder transduziert werden. Bei der direkten Immunfluoreszenzfärbung von humanem löslichen IL-1Ra wurden die Zellen 14 Stunden vor Beginn der Immunfärbung mit BD GolgiPlug™ behandelt (siehe 3.2.9), um eine signifikante intrazelluläre Anreicherung der nachzuweisenden Proteine zu erreichen. Um die Zellen zu fixieren, wurden nach Entfernen des Zellkulturmediums in jede Kavität der

6-Loch-Kulturplatte 2ml Fixierungslösung eingefüllt und für 10min inkubiert. Nach dreimaligem Waschen der Zellen mit jeweils 2ml PBS wurden Zell- und Kernmembranen mittels 2ml Perforationslösung für 10min permeabilisiert. Nach erneutem gründlichem Waschen der Zellen wurden unspezifische endogene Epitope durch eine 30minütige Inkubation mit 2ml Blocklösung blockiert. Bei der indirekten Immundetektion verblieb der Primärantikörper für mindestens zwei Stunden auf den Zellen. Ungebundene Antikörper wurden mit PBS entfernt, speziesspezifische, fluoreszenzmarkierte Sekundärantikörper aufgetragen und in Dunkelheit für eine Stunde auf den Zellen belassen. Bei der direkten Immunfluoreszenzfärbung erfolgte die Inkubation des Fluorochrom-gekoppelten Antikörpers für 2 Stunden ebenfalls in Dunkelheit. Ungebundene Antikörperlösung wurde mit PBS abgewaschen und die Zellkerne mit DAPI-Lösung für 5min gegengefärbt. Nach einem letzten Waschschritt wurden die Deckgläser aus den Kavitäten entfernt und Anti-Fading-Lösung, die dem Ausbleichen der Antikörper entgegenwirkte, auf die Objektträger aufgebracht. Um ein Austrocknen der Präparate zu vermeiden, wurden die Deckgläser abschließend sorgfältig mit Nagellack umrandet und daraufhin fluoreszenzmikroskopisch analysiert.

Fixierlösung:	4% Paraformaldehyd in PBS
Perforationslösung:	0,1% Triton-X-100 in PBS
Blocklösung:	3% BSA in PBS
DAPI-Lösung:	200ng/ml in PBS
Antikörper:	Verdünnung laut Herstellerangaben in PBS
Anti-Fading-Lösung:	Immunoselect Antifading Mounting Medium (Dianova)

3.2.9 Behandlung adhärenter Zellen mit BD GolgiPlug^{TM}

Das Antibiotikum Brefeldin A ist ein Stoffwechselprodukt des Pilzes *Eupenicillium brefeldianum* und essentieller Bestandteil des Protein Transport Inhibitors BD GolgiPlug^{TM} (Becton Dickinson). Es verursacht den Zerfall des Golgi-Apparates und verhindert so den intrazellulären Transport von Proteinen, sowie die Exozytose sekretorischer Proteine. In der Folge kommt es zur Akkumulation von Proteinen im Endoplasmatischen Retikulum. Deshalb kann dieses Reagenz zum intrazellulären Nachweis andernfalls sekretierter Proteine benutzt werden. Eingesetzt wurde BD GolgiPlug^{TM} für den Nachweis von transgenem hIL-1Ra in A549- und HT1080 Zellen, sowie in Synovialzellen der Ratte, nach Immunfluoreszenzfärbung und fluoreszenzmikroskopischer bzw. durchflusscytometrischer Analyse. Hierfür wurde das Zellkulturmedium der transgenen Zellen entfernt und diese mit PBS gewaschen. Anschließend wurde frisches Zellkulturmedium, welches 1µl/ml BD

Methoden

GolgiPlug™ enthielt hinzugefügt und die Zellen für weitere 14 Stunden bei 37°C inkubiert. Danach erfolgte die direkte Immunfluoreszenzfärbung der Zellen mit dem Phycoerythrin-konjugierten Antikörper FastImmune™ anti-human IL-1Ra zum fluoreszenzmikroskopischen bzw. durchflusscytometrischen Nachweis von hIL-1Ra.

3.2.10 Durchflusscytometrie (FACS-Analyse)

Das Prinzip der Durchflusscytometrie beruht auf der synchronen Messung verschiedener physikalischer Eigenschaften einzelner Zellen. Die Zellen werden in einem laminaren Flüssigkeitsstrom vereinzelt und mittels eines Laserstrahls detektiert. Basierend auf ihren Streulichteigenschaften werden simultan Zellgröße (Vorwärtsstreulicht, FSC) und Granularität (Seitwärtsstreulicht, SSC) jeder einzelnen Zelle gemessen. Nach Färbung mit einem Fluorochrom-gekoppelten Antikörper oder durch Expression fluoreszierender Proteine können die Zellen mit dem Laserstrahl zur spezifischen Fluoreszenz angeregt werden. Die Intensität der Fluoreszenz ist dabei direkt proportional zur vorhandenen Zahl der Moleküle des Fluorochroms oder der Bindungsstellen für den fluoreszenzmarkierten Antikörper.

3.2.11 Intrazelluläre FACS Färbung von hIL-1Ra

Für die intrazelluläre Färbung hIL-1Ra-transgener Zellen wurden jeweils 1,0-2,0 x 10^5 BD GolgiPlug™-vorbehandelte Zellen in ein FACS-Röhrchen überführt, für 3min bei 450 x g pelletiert und unter Verwendung des Cytofix/Cytoperm™-Kits (Becton Dickinson 2005) nach Herstellerangaben aufgearbeitet. Dafür wurden die pelletierten Zellen zunächst in 100µl Fixation/Permeabilization™-Lösung resuspendiert und für 20min bei 4°C inkubiert. Die Zellen wurden anschließend zweimal mit 250µl Perm/Wash™-Lösung gewaschen und dabei für jeweils 3min bei 450 x g zentrifugiert. Danach erfolgte die direkte Immunfluoreszenzfärbung der Zellen mit dem Phycoerythrin-konjugierten Antikörper FastImmune™ anti-human IL-1Ra (Becton Dickinson). Dafür wurden die Zellen in 50µl PBS resuspendiert, 5µl Antikörperlösung hinzugefügt und für 30min bei Raumtemperatur inkubiert. Die gefärbten Zellen wurden schließlich mit 2ml PBS gewaschen, für 3min bei 450 x g zentrifugiert und nach Dekantieren des Überstandes in 50µl PBS resuspendiert. Die durchflusscytometrische Messung wurde am FACScalibur (Becton Dickinson) durchgeführt, für die Analyse der akquirierten Daten wurde die Computersoftware FlowJo eingesetzt.

3.3 Tierexperimentelle Methoden

Sämtliche Experimente mit Versuchstieren wurden im Tierstall des Instituts für Virologie und Immunbiologie, Würzburg, gemäß den ethischen und rechtlichen Anforderungen und Richtlinien des deutschen Tierschutzgesetzes durchgeführt. Die Tierversuche wurden durch die amtliche Tierversuchsnummer 74/07 genehmigt. Die Versuche zum direkten intraartikulären Gentransfer von hIL-1Ra bzw. eGFP wurden an männlichen Wistar-Ratten (Charles River, Sulzfeld) und immundefizienten RNU-(nude)-Ratten (Hauszucht) durchgeführt. Die Tiere wurden paarweise in Typ IV Standardkäfigen artgerecht gehalten, Futter und Wasser standen *ad libitum* zur Verfügung. Operative Eingriffe an den Labortieren wurden unter aseptischen Bedingungen vorgenommen.

3.3.1 Applikation von FAD-Vektoren *in vivo*

Zur Standardisierung des Versuchsvorhabens wurden männliche Wistar-Ratten mit einem Gewicht von 150-200g sowie 12-20 Wochen alte immundefiziente nude-Ratten verwendet. Im Rahmen chirurgischer Eingriffe an den Tieren wurde zunächst eine Inhalationsnarkose mit 4,5% Isofluran eingeleitet. Präoperativ wurden die Kniegelenke der Tiere gründlich mit dem Hautantiseptikum Kodan desinfiziert und währenddessen die Isofluranzufuhr auf 3% abgesenkt (Erhaltungsnarkose). Zur intraartikulären Injektion wurden die viralen Vektoren bei einer definierten Dosis in 50µl PBS resuspendiert und die Vektorsuspension mit einer 30G-Insulinspritze unterhalb der Kniescheibe in die Gelenkhöhle appliziert. Hierfür musste die Haut der Tiere am Kniegelenk vorab mit einem Skalpell aufgeschnitten und nach der Injektion wieder vernäht werden. Postoperativ wurde den Ratten das Analgetikum Tramadol (Ratiopharm, Ulm) zum Trinkwasser hinzugefügt (2,5mg/100ml). Die Doxycyclin-abhängige Induktion der Bildung foamyviraler Vektorpartikel nach der FAD-Applikation sollte mit der Zugabe von Doxycyclin (200µg/ml) zum Trinkwasser erreicht werden. Aufgrund der UV-Labilität des Doxycyclins wurden die Trinkwasserflaschen mit Aluminiumfolie umwickelt und das Trinkwasser jeden dritten Tag bis zum Versuchsende ausgetauscht (Kistner et al. 1996).

    50x Doxycyclin: 100mg Doxycyclin
                                    5g Sucrose
                                    ad 10ml ddH$_2$O

    Die Stocklösungen wurden in 15ml-Zentrifugenröhrchen angesetzt und bei -20°C gelagert. Für die DOX-Induktion wurde der Inhalt eines Röhrchens in 500ml Trinkwasser gelöst.

Methoden

3.3.2 Isolierung von Synovialzellen aus Rattenkniegelenken

Zur Gewinnung von Organgeweben, Synovialzellen bzw. Zellkulturüberständen aus Kniegelenksexplantaten wurden die Tiere zu definierten Zeitpunkten getötet. Die Tiere wurden dafür zunächst mit 5% Isofluran narkotisiert und im Exsikkator über Trockeneis für mindestens 5min durch CO_2 betäubt. Durch eine anschließende zervikale Dislokation wurde der Tod der Tiere herbeigeführt. Die Kniegelenke wurden durch das Auftrennen der Haut freigelegt und durch Zerschneiden des Ober- und Unterschenkels explantiert. Für Organ- und Blutentnahmen wurde der Thorax der Tiere durch einen Längsschnitt mit dem Skalpell eröffnet und Lungen-, Nieren-, Lebergewebe sowie Herz, Milz und Gonaden entnommen. Nach der Sektion wurden die Tiere in Autoklavierbeutel gelegt und der Tierkörperbeseitigung übergeben.

Die Isolierung der Synovialzellen aus der Gelenkhöhle machte es zunächst erforderlich, die umgebende Muskulatur der Kniegelenke mit chirurgischem Besteck weitestgehend zu entfernen. Während des Präparierprozesses wurde durch wiederholtes Spülen der Kniegelenke mit PBS versucht, mikrobiologische Kontaminationen zu minimieren. Am Kniegelenk wurden dann ein seitliches Band und die Patellarsehne durchtrennt und die Gelenkkapsel freigelegt. Um die Synovialzellen aus dem Gelenk in Kultur nehmen zu können, wurde ein Übernachtverdau mit Collagenase (Collagenase NB4, Serva) durchgeführt, der zum Abbau der Kollagenfasern des Bindegewebes führte. Dafür wurden die Gelenke in 12-Loch-Kulturplatten überführt, vollständig mit collagenasehaltigem Zellkulturmedium überschichtet und für mindestens 12h bei 37°C und 5% CO_2 im Brutschrank inkubiert. Am darauffolgenden Tag wurden die Synovialzellen durch wiederholtes Ausspülen der Gelenksinnenflächen mit ungefähr 30 bis 40ml Zellkulturmedium freigesetzt und unter Zuhilfenahme von 70µm-Zellsieben von sonstigen Gewebeteilen (Muskulaturfilamente, Knochensplitter etc.) abgetrennt. Die Zellsuspension wurde in 50ml-Zentrifugenröhrchen gesammelt, für 5min bei 450 x g zentrifugiert und die sedimentierten Zellen mit 10ml PBS gewaschen. Nach einer erneuten Zentrifugation wurden die Zellen in jeweils 12ml DMEM-Ham´s F12 Zellkulturmedium resuspendiert und in T-75 Zellkulturflaschen überführt. Innerhalb von 48h hatten sich die präparierten Synovialzellen am Boden der Zellkulturflaschen abgesetzt und hatten kleinere Zellverbände gebildet. Das Zellkulturmedium wurde zu diesem Zeitpunkt erstmals gewechselt.

10x Collagenase: 1,25U/ml in PBS, sterilfiltriert

Collagenase-Stocklösungen wurden bei -20°C gelagert. Zum Ansetzen des collagenasehaltigen Zellkulturmediums wurde serumfreies DMEM-Ham's F12 (Penicillin G und Streptomycin supplementiert) verwendet.

3.3.3 Gewinnung von konditionierten Zellkulturüberständen für den hIL-1Ra-ELISA

Das Verfahren glich dem Protokoll zur Isolierung der Synovialzellen aus Rattenkniegelenken (3.3.2). Jedoch folgte dem Freilegen der Gelenkkapseln die Überführung der explantierten Gelenke in 24-Loch-Kulturplatten. Die Gelenke wurden mit 1ml DMEM-Ham's F12 überschichtet und für 24h bei 37°C und 5% CO_2 im Brutschrank inkubiert. Die konditionierten Überstände wurden bei -20°C gelagert und mit dem human IL-1Ra-ELISA Development Kit (R&D Systems) analysiert.

4. Ergebnisse

4.1 Konstruktion Tetracyclin-regulierbarer Foamyvirus-Adenovirus-Hybridvektoren (FAD) für die Expression des Interleukin-1 Rezeptorantagonisten

Zur Erzeugung der FAD-Hybridvektoren wurde eine komplette PFV-Expressionskassette, die unter der Kontrolle eines regulierbaren Tetracyclin-abhängigen Promotors steht, in das Rückgrat eines adenoviralen Drittgenerationsvektors eingebaut. Die Induktion der PFV-Vektorexpression wird nach dem Tet-On-Prinzip reguliert (Gossen et al. 1995). Der hierfür notwendige Transaktivator rtTA ist stromabwärts von der Foamyvirus-Vektorkassette lokalisiert und steht unter der Kontrolle des konstitutiv aktiven hCMV immediate-early Promotors. Innerhalb des PFV-Vektorgenoms befindet sich der offene Leserahmen (ORF) des Transgens, dessen Expression durch die konstitutiven Promotoren SFFV-U3 oder eEF-1α (Promotor des eukaryotischen Elongationsfaktors-1 alpha) reguliert wird. Schließlich tragen die FAD-Vektoren zwischen den beiden Ad5-ITRs noch die Verpackungssequenz Ψ, sowie eine 16,2kbp große, intronische Region aus dem humanen HPRT-Lokus, um eine effiziente Verpackung und Propagation im adenoviralen Verpackungssystem zu gewährleisten (Abb. 13).

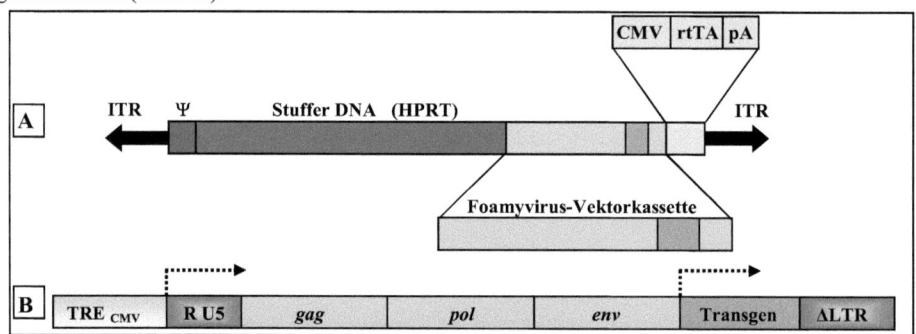

Abb. 13: **Schematische Genomkarte der FAD-Vektoren**

(13A) zeigt vereinfacht die vollständige Organisation eines FAD-Vektorgenoms (~30kbp) mit integrierter PFV-Kassette (~10,4-11kbp) und Transaktivatorkassette. (CMV) hCMV immediate-early Promotor; (HPRT) Hypoxanthin-Phosphoribosyltransferase, funktionslose Füllsequenz; (ITR) inverse terminale Repetitionen; (pA) Polyadenylierungssignal des bovinen Wachstumshormons; (rtTA) reverser Tetracyclin-abhängiger Transaktivator; (Ψ) Ad5-Verpackungssequenz psi. (13B) stellt die komplette Foamyvirus-Vektorkassette mit eingesetzter Transgenkassette schematisch dar. Die Expression der PFV-Kassette steht unter der Kontrolle eines Tetracyclin-induzierbaren Promotors, der sich aus einem TRE (tetracycline response element) und einem minimalen CMV-Promotor zusammensetzt. Das Transgen wird unabhängig von der PFV-Kassette konstitutiv exprimiert. Die Pfeile deuten die Orientierung der Transkriptionen an. (TRE$_{CMV}$) Tetracyclin-induzierbarer Promotor; (ΔLTR) PFV-U3-Bereich, Promotorsequenzen und Tas-Bindestellen sind deletiert.

Die FAD-Vektoren wurden mit Hilfe eines Helfervirus mit dem Cre / loxP-System verpackt. Das Helfervirus ist ein *E1/E3*-deletiertes Adenovirus, das in der E1-transkomplementierenden Helferzelllinie 293-cre66 replizieren kann und die für die Vektorproduktion notwendigen strukturellen Komponenten *in trans* zur Verfügung stellt, was letztlich die Verpackung der FAD-Genome ermöglichte. Um zu verhindern, dass Helferviren verpackt werden, ist die Ψ-Sequenz des Helfervirusgenoms von loxP-Sequenzen flankiert, die als Erkennungssequenzen der Cre-Rekombinase des Bakteriophagen P1 dienen. Dieses, von den Zellen exprimierte Enzym, sorgt für die Exzision der Verpackungssequenzen der Helferviren und verhindert deren Verpackung. Nach mehreren Reinfektionsrunden wurden die verpackten FAD-Vektoren über eine CsCl-Dichtegradientenzentrifugation gereinigt und der infektiöse Titer über einen Slotblot-Assay bestimmt. Mit diesem Verpackungssystem konnten FAD-Titer von annähernd 10^{11} iu/ml erreicht werden. Die Verpackung und Titration der FAD-Vektoren wurde in der Sektion Gentherapie in Ulm vorgenommen (Abb. 14).

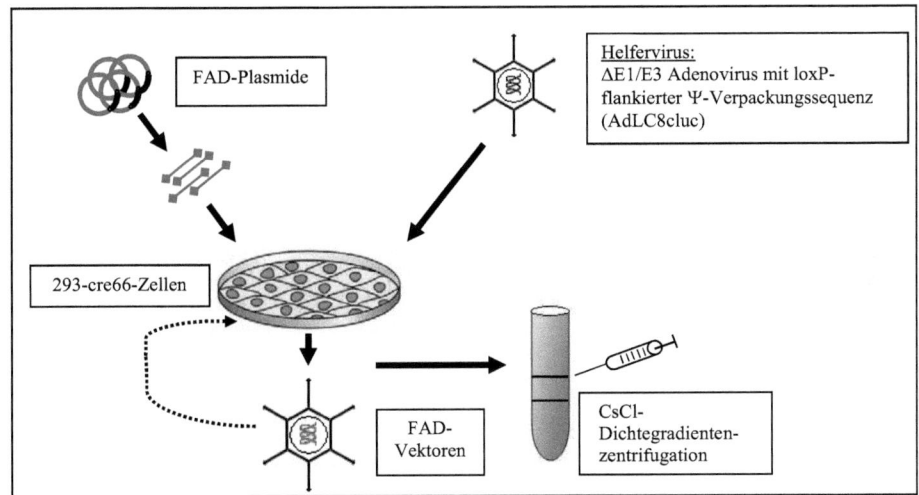

Abb. 14: **Verpackung von replikationsdefekten FAD-Vektoren in 293-cre66-Zellen**

FAD-Vektoren wurden durch Transfektion von FAD-Vektorplasmiden bei gleichzeitiger Infektion mit einem Helfervirus erzeugt. Dafür wurde die zu Grunde liegende Plasmid-DNA durch einen präparativen Verdau mit der Restriktionsendonuklease PmeI linearisiert, um die Ad5-ITR-flankierten FAD-Genome freizusetzen und anschließend in 293-cre66-Zellen transfiziert. Diese Produktionszelllinie exprimiert die Cre-Rekombinase, die eine Exzision der loxP-flankierten Ψ-Verpackungssignale der Helfervirusgenome bewirkte, wodurch präferentiell die FAD-Vektoren verpackt und in den Zellkulturüberstand sekretiert wurden. Durch mehrfache Reinfektionen mit den Lysaten wurde eine serielle Amplifikation der FAD-Vektoren erreicht. In einer abschließenden CsCl-Dichtegradientenzentrifugation konnten kontaminierende Helfervirionen von den FAD-Vektoren, deren Dichte geringer ist, abgetrennt werden.

Ergebnisse

4.1.1 Klonierung der FAD-Vektoren FAD-9 bis FAD-13

Als Ausgangsbasis für die Klonierung der therapeutischen FAD-Konstrukte diente, wie schon in der Einleitung erwähnt, das Vektorplasmid FAD-2 (Picard-Maureau et al. 2004). In multiplen Klonierungsschritten wurde die pFAD-2-Transgenkassette, die für die Expression des grün-fluoreszierenden Proteins eGFP codiert, schrittweise gegen die offenen Leserahmen der Interleukin-1 Rezeptorantagonisten für Mensch sowie Ratte ausgetauscht und der SFFV-U3-Promotor modifiziert (Abb. 15). Ein direkter Austausch der Transgenkomponenten war aufgrund der Größe des FAD-2-Plasmids von 32,8kbp nicht möglich. Die Größe bedingte, dass geeignete singuläre Restriktionsschnittstellen in der Kassette nicht direkt zugänglich waren. Deshalb erforderte es die Klonierungsstrategie zunächst, ein DNA-Fragment von 1401bp, das die Transgenkassette und einen Bereich vom PFV-*env* beinhaltete, in einen Shuttlevektor (pBluescript® II KS (-)) zu klonieren. Von diesem Zwischenkonstrukt ausgehend, wurden alle nachfolgenden Modifikationen der Transgenkassette vorgenommen. Die modifizierten Transgenkassetten wurden schließlich in das geschnittene FAD-2-Plasmid reinsertiert, um die neuen FAD-Konstrukte zu generieren (Abb. 15C).

Mittels Kassettenmutagenese musste im Plasmid Bluescript® II KS (-) zuerst ein synthetisches Oligonukleotid, das die Erkennungssequenzen der Restriktionsenzyme NheI und NotI beinhaltete, eingebracht werden, um das Plasmid pCW01 herzustellen. Aus dem Vektorplasmid FAD-2 wurde dann der Bereich der Transgenexpressionskassette (1401bp) mit NheI und NotI herausgespalten und in pCW01 kloniert. Am nun vorliegenden Plasmid pCW02 wurden alle weiteren Änderungen der Transgenkassette eingeführt (Abb. 15A). Zunächst wurden die Plasmide pCW03 und pCW04 kloniert, welche die ORFs für den Interleukin-1 Rezeptorantagonisten der Ratte (rIL-1Ra) sowie des Menschen (hIL-1Ra) trugen. Dafür wurde der ORF von eGFP (723bp) mit den Restriktionsenzymen NcoI und NotI aus pCW02 herausgeschnitten und die ORFs von rIL-1Ra (537bp) bzw. hIL-1Ra (534bp) eingebaut. Im offenen Leserahmen von hIL-1Ra musste eine Erkennungssequenz für NcoI mutiert werden (3.1.4.1). Der SFFV-U3-Promotor (418bp) wurde mit den Restriktionsenzymen BamHI und HindIII aus pCW02 entfernt und gegen den eEF-1α-Promotor (1185bp) aus dem Plasmid pEF-DEST51 Gateway™ getauscht, um in der Folge das Plasmid pCW05 zu erzeugen. In pCW05 wurde dann über einen NcoI- und NotI-Verdau der ORF von rIL-1Ra aus dem Vektor pCW03 kloniert, um das Plasmid pCW06 herzustellen. In gleicher Weise wurde in pCW05 der ORF von hIL-1Ra aus dem Plasmid pCW04 eingeführt und der neue Vektor als pCW07 bezeichnet.

Die Transgenkassetten der fünf Vektoren pCW03 bis pCW07 wurden schließlich über NheI- und NotI-Spaltungen separiert und die DNA-Fragmente zur Konstruktion der FAD-Plasmide FAD-9 bis FAD-13 jeweils mit dem NheI/NotI geschnittenen FAD-2-Plasmid ligiert (Abb. 15B und 15C).

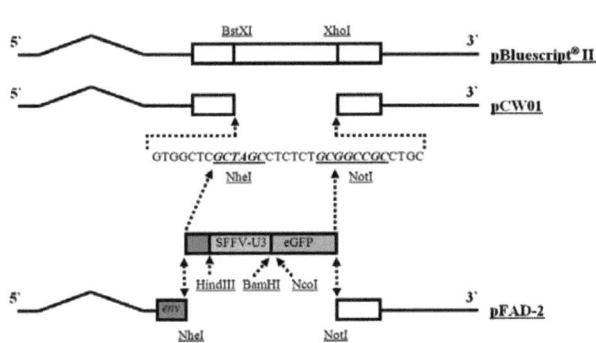

Abb. 15: **Klonierungsstrategie zur Erstellung der Vektorplasmide FAD-9 – FAD-13**

Die aus dem Vektorplasmid FAD-2 stammende Transgenkassette SFFV-U3-eGFP wurde in den Vektor pCW01 kloniert und sukzessive modifiziert (15A), um die Vektoren pCW03 bis pCW07 schrittweise aufzubauen. Diese Konstrukte dienten nach ihrer Fertigstellung der Klonierung von pFAD-9 bis pFAD-13 (15B). In einem finalen Klonierungsschritt wurden die Transgenkassetten in das FAD-2-Backbone reinsertiert (15C). Die Darstellungen wurden schematisch und nicht maßstabsgetreu abgebildet.

Ergebnisse

Die Vektoren FAD-10 bis FAD-13 wurden als therapeutische Konstrukte konzipiert, die einzig die orthologen offenen Leserahmen des IL-1Ra von Mensch bzw. Ratte unter der Kontrolle des SFFV-U3- oder eEF-1α-Promotors exprimieren. Der Vektor FAD-9 hingegen sollte in den tierexperimentellen Versuchen dazu dienen, die Effizienz des Gentransfers durch die Expression des leicht nachweisbaren Markers eGFP abzuschätzen. Die Integrität aller Konstrukte konnte durch Sequenzierungen und Restriktionsanalysen bestätigt werden.

4.1.2 Analyse der Funktionalität der Plasmide pCW02 – pCW07 und Vergleich der Expressionsstärken der heterologen Promotoren

Um sicherzustellen, dass von den klonierten pCW-Konstrukten eine funktionelle transiente Expression der Transgene ausging, wurden Zelltransfektionsexperimente durchgeführt. Dafür wurden zunächst HEK-293T Zellen mit jeweils 5µg der eGFP-exprimierenden Plasmide pCW02 (SFFV-U3-Promotor) sowie pCW05 (eEF-1α-Promotor) mittels PEI transfiziert und 24h nach der Transfektion fluoreszenzmikroskopisch untersucht. Es zeigte sich, dass sowohl der bereits etablierte SFFV-U3-Promotor, als auch der eEF-1α-Promotor die Expression von eGFP vermittelten (Abb. 16A). Parallel dazu konnte erkannt werden, dass die Promotorstärke des eEF-1α-Promotors im Vergleich zum SFFV-U3-Promotor qualitativ deutlich höher ausfiel. Um die Unterschiede in der Expressionsstärke exakt zu quantifizieren, wurde die zelluläre eGFP-Proteinbiosynthese durchflusscytometrisch analysiert. Bei diesen Experimenten wurden jeweils 1×10^5 Zellen in 24-Loch-Kulturplatten ausgesät und mit äquimolaren Mengen der Plasmide pCW02 (4345bp) und pCW05 (5078bp) transfiziert. Dabei wurden vom kleineren pCW02-Plasmid je 1µg DNA und vom größeren pCW05-Plasmid je 1,17µg DNA eingesetzt, was jeweils einer DNA-Stoffmenge von 350fmol entsprach. Die gemessene mittlere eGFP-Expression unter eEF-1α-Promotorkontrolle fiel hierbei durchschnittlich um den Faktor 6-8 höher aus als unter SFFV-U3-Promotorkontrolle und war statistisch signifikant (Abb. 16B). Diese Aussage konnte mit den hIL-1Ra-codierenden Plasmiden pCW04 und pCW07 im hIL-1Ra-ELISA bestätigt werden, auch hier ließ sich eine deutlich stärkere Genexpression unter eEF-1α-Promotorkontrolle feststellen (Daten nicht gezeigt). Die Genexpression aller IL-1Ra-codierenden Plasmide wurde im Western-Blot-Verfahren mittels Immunfärbung analysiert. Hierbei fanden die polyklonalen Antikörper Ziege α-rIL-1Ra und Kaninchen α-hIL-1Ra (Santa Cruz, beide 1:200 verdünnt) Verwendung. HEK-293T Zellen wurden mit jeweils 10µg pCW03, pCW04, pCW06 oder pCW07 transfiziert und nach 48h zur Herstellung von Proteinproben geerntet. Im Western-Blot zeigten alle vier Konstrukte eine ordnungsgemäße Proteinexpression, wobei charakteristische IL-1Ra Doppelbanden nachgewiesen werden konnten.

Diese wurden als glykosylierte (22-25kDa) oder nicht-glykosylierte (17kDa) Formen des IL-1Ra identifiziert (Abb. 16C). Die durchgeführten Expressionsanalysen belegten die intakte Funktion der Transgenkassetten.

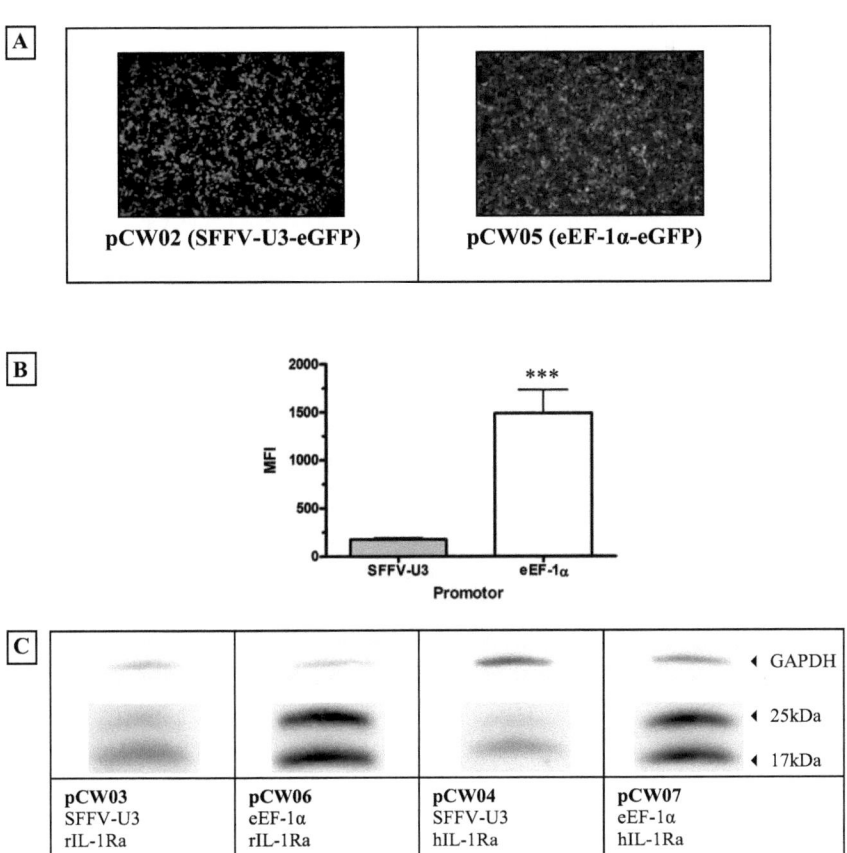

Abb. 16: Charakterisierung der Transgenexpressionskassetten

Vor den Rückklonierungen in das FAD-Plasmid wurden die modifizierten Transgenkassetten hinsichtlich ihrer Funktionalität in HEK-293T Zellen in diversen, redundanten Experimenten überprüft. HEK-293T Zellen exprimierten eGFP sowohl unter der Regulation des SFFV-U3-Promotors (16A, linkes Foto), als auch eEF-1α-Promotors (16A, rechtes Foto). Im direkten Vergleich ihrer Expressionsstärken erwiesen sich Konstrukte mit eEF-1α-Promotoren als überlegen. (MFI) mittlere Fluoreszenzintensität; n=10, t-Test: P<0.0001, ***; (16B). In Western-Blot Analysen konnte die Proteinexpression von IL-1Ra-codierenden pCW-Plasmiden in Zelltransfektionsexperimenten dargestellt werden. Als Ladekontrolle diente GAPDH (αGAPDH: 0,5µg/ml); (16C, repräsentative Western-Blot Daten).

Ergebnisse

4.1.3 Genexpression der FAD-Vektoren

Die modifizierten Transgenkassetten wurden, nachdem Ihre Funktionalität erfolgreich gezeigt werden konnte, in das FAD-Ausgangsplasmid zurückkloniert. Alle fünf FAD-Konstrukte wurden in Zelltransfektionsexperimenten auf die Expression von PFV-Gag-Proteinen hin getestet. Dabei zeigte sich, dass bei allen FAD-Plasmiden der Tetracyclin-abhängige Promotor die Synthese von PFV-Gag nach dem Tet-On-Prinzip vermittelte und die Transgenkassetten auch vor dem genetischen Hintergrund der FAD-Plasmide weiterhin aktiv waren (Daten nicht gezeigt). Die FAD-Plasmide wurden daraufhin nach Ulm ins Labor der Sektion Gentherapie versendet, in dem erfolgreich der letzte Schritt der Vektorverpackung durchgeführt werden konnte. Die infektiösen Titer der FAD-Vektorpräparationen lagen im Bereich von $1,38 \times 10^{10}$ iu/ml für den Vektor FAD-12 bis $3,76 \times 10^{10}$ iu/ml für den Vektor FAD-9. Für die Genexpressionsanalysen der infektiösen gentherapeutischen FAD-Vektoren wurden A549 Zellen, die eine hohe Suszeptibilität für Adenoviren vom Serotyp 5 aufweisen (Defer et al. 1990; siehe 4.1.13), mit MOI 100 für 96h in Anwesenheit (+) oder Abwesenheit (-) von 1µg Doxycyclin pro 1ml Zellkulturmedium transduziert. Parallel dazu wurden A549 Zellen mit dem bereits etablierten FAD-2 Vektor transduziert und analog kultiviert. Von den transduzierten Zellen wurden mittels RIPA-Puffer Proteinproben gewonnen, die in einem SDS-PAGE nach ihrem relativen Molekulargewicht aufgetrennt und anschließend auf eine Nitrocellulosemembran transferiert wurden. Zur Detektion foamyviraler Proteine wurden monoklonale Maus-Hybridomaüberstände gegen PFV-Gag (SGG1), PFV-Pol^{IN} (3E11), PFV-Pol^{RT} (15E10) und PFV-Env (P3E10) verwendet, die jeweils 1:10 verdünnt auf den Blot aufgetragen wurden. Für den Nachweis von IL-1Ra wurden die bereits beschriebenen Antikörper von Santa-Cruz eingesetzt; GAPDH konnte mit einem monoklonalen anti-GAPDH-Antikörper aus dem Kaninchen auf dem Blot visualisiert werden und diente als Ladekontrolle. Für die Western-Blot Analysen wurden neben einer Negativkontrolle (Abb. 17 und 18, jeweils Spur 1), die aus nativen A549 Zelllysaten gewonnen wurde, sowohl Positivkontrollen für PFV-Proteine (Abb. 17 und 18, jeweils Spur 2), als auch die Interleukin-1 Rezeptorantagonisten Ratte bzw. Mensch (Abb. 17 und 18, jeweils Spur 3) in der SDS-PAGE aufgetrennt. Als Positivkontrolle für PFV-Proteine dienten Zelllysate einer MD09-PFV-Vektorproduktion. Die Proteinproben für die IL-1Ra-Positivkontrollen stammten hingegen aus Zelltransfektionsexperimenten, in denen HEK-293T Zellen mit den eukaryotischen Expressionsplasmiden pcDNA3.1^{TM} (+)-IL-1Ra, Ratte bzw. pcDNA3.1^{TM} (+)-IL-1Ra, Mensch transfiziert wurden (beide Vektoren: diese Arbeit). In den Western-Blots (Abb. 17A und 18A) zeigten die in ihrer Intensität homogen erscheinenden GAPDH-

Banden eine überwiegend gleichmäßige Beladung der Taschen mit Proteinproben an. Reaktive pr71/p68^{Gag}-Doppelbanden waren auf den gleichen Western-Blots bei FAD-transduzierten Zellen, die in Gegenwart von Doxycyclin gewachsen waren, nachweisbar (Abb. 17A bzw. 18A, Spuren 5, 7 und 9), wenngleich die Gag-Doppelbanden bei den Vektoren FAD-12 und FAD-13 (Abb. 17A bzw. 18A, jeweils Spur 9) eine deutlich schwächere Intensität aufwiesen, als bei den Vektoren FAD-2, FAD-10 und FAD-11 (Abb. 17A bzw. 18A, Spuren 5 und 7). Ohne Doxycyclin erfolgte hingegen keine nachweisbare Induktion der Gag-Expression in den transduzierten Zellen (Abb. 17A bzw. 18A, Spuren 4, 6 und 8). Die Doxycyclin-abhängige Induktion der Genexpression konnte auch auf parallel dazu durchgeführten Western-Blots der gleichen Proben für *pol*-Genprodukte erkannt werden. Dabei konnten die Expression des Pol-Vorläuferproteins (pr127^{Pol}), der Protease/ Reversen Transkriptase/ RNAseH (p85$^{RT/RN}$) und der Integrase (p40^{IN}) bei FAD-transduzierten Zellen detektiert werden, die mit Doxycyclin kultiviert wurden. Einschränkend muss erwähnt werden, dass auch in den nicht-Doxycyclin induzierten Zellen das Pol-Vorläuferprotein (pr127^{Pol}) nachgewiesen werden konnte, was auf eine Basalaktivität des Tet-Promotors zurückgeführt werden kann (Abb. 17B bzw. 18B, Spuren 4, 6 und 8). Die von der Aktivierung der PFV-Genexpression unabhängig erfolgende Proteinbiosynthese von IL-1Ra konnte auf diesen Blots ebenfalls sichtbar gemacht werden (Abb. 17B bzw. 18B, Spuren 6 bis 9). Die verstärkte Intensität der IL-1Ra-Banden in Gegenwart von Doxycyclin bestätigte den postulierten Transduktionsmechanismus des FAD-Vektorsystems und spricht für eine putative intrazelluläre Retrotransposition foamyviraler Vektoren bzw. die Sekundärtransduktion weiterer A549 Zielzellen. Mit den PFV-Env reaktiven Antikörpern (P3E10) konnten bei FAD-Vektoren, deren Transgenkassetten unter SFFV-U3-Promotorregulation standen, nach der Induktion mit Doxycyclin Env-spezifische Banden mit einem Molekulargewicht von ~150kDa und eine schwache Bande von ~100kDa sichtbar gemacht werden, bei denen es sich vermutlich um die glykosylierten Formen des Env-Vorläuferproteins (gp130^{Env}) und die SU-Untereinheit (gp80^{SU}) handelte. Bei den FAD-Vektoren FAD-12 und FAD-13, deren Transgene unter Kontrolle des eEF-1α-Promotors stehen, konnten hingegen auch nach sehr langer Belichtungszeit keine Env-Banden sichtbar gemacht werden (Abb. 17B bzw. 18B, jeweils Spur 9). Auch für den eGFP-exprimierenden Vektor FAD-9 verlief der Nachweis von Env-Vorläufer-proteinen negativ (Daten nicht gezeigt). Diese Ergebnisse zeigten, dass der Tetracyclin-abhängige Promotor gezielt die regulierte Expression der PFV-Vektorkassette vom FAD-Vektorgenom vermitteln konnte, dies jedoch in vollständigem Umfang, mit den nachgewiesenen Expressionen von PFV-*gag*, -*pol* und -*env*, nur für die Vektoren FAD-2, FAD-10 und FAD-11 zutraf.

Ergebnisse

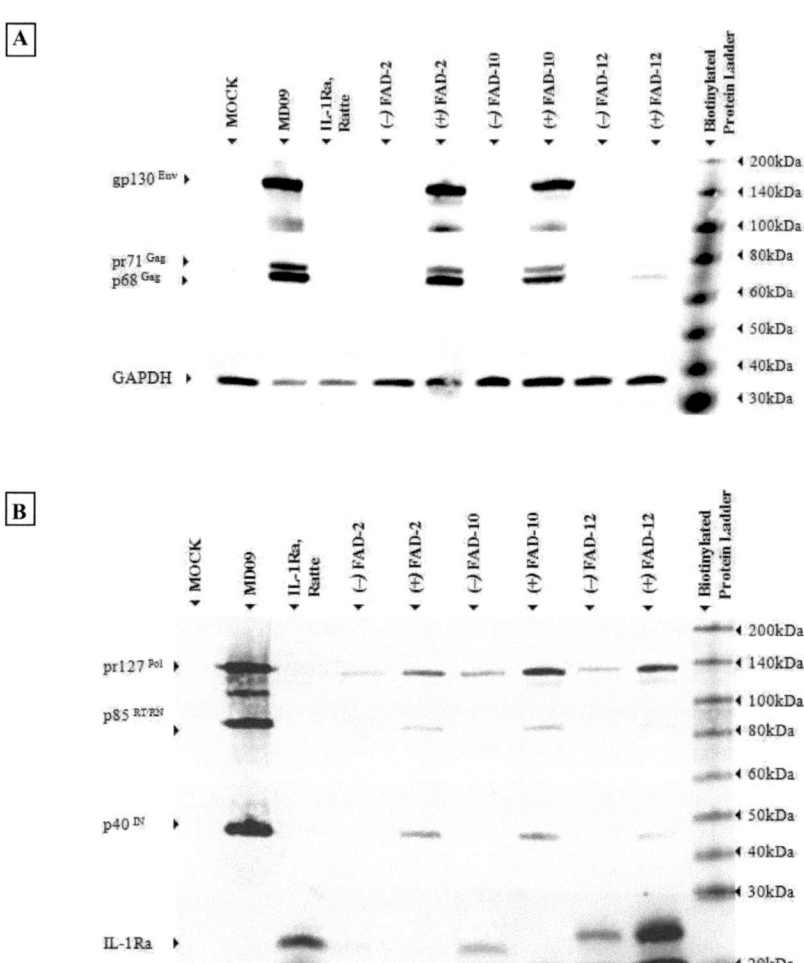

Abb. 17: Genexpression der rIL-1Ra-exprimierenden FAD-Vektoren FAD-10 und FAD12

Western-Blot Analyse von FAD-10 und FAD-12 transduzierten A549 Zellen. Die Zellen wurden mit MOI 100 transduziert und in Anwesenheit (+) oder Abwesenheit (-) von 1µg/ml Doxycyclin für 96h kultiviert. Die hieraus gewonnenen Proteinproben wurden in einem 7,5% SDS-PAGE elektrophoretisch aufgetrennt und auf eine Nitrocellulosemembran transferiert. Die Expressionsanalyse bestätigte die ordnungsgemäße Expression der PFV-Proteine Gag, Pol und Env vom FAD-Vektorgenom bei FAD-10. Bei dem Vektor FAD-12 konnten keine Env-Vorläuferproteine nachgewiesen werden und Gag wurde nur schwach exprimiert.

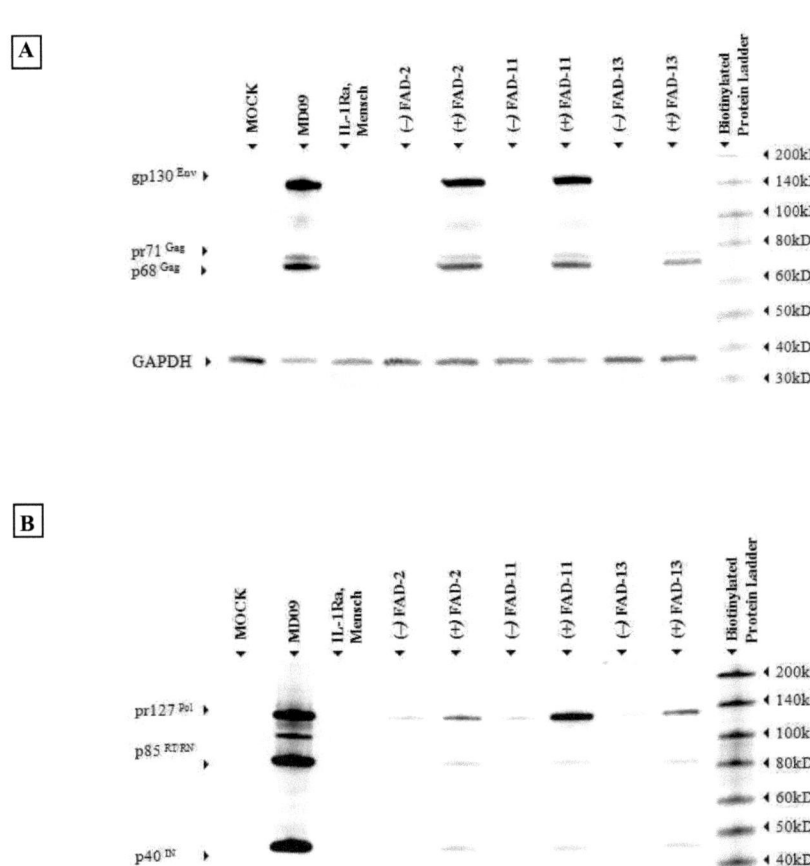

Abb. 18: **Genexpression der hIL-1Ra-exprimierenden FAD-Vektoren FAD-11 und FAD13**

Western-Blot Analyse von FAD-11 und FAD-13 transduzierten A549 Zellen. Die Zellen wurden mit MOI 100 transduziert und in Anwesenheit (+) oder Abwesenheit (-) von 1µg/ml Doxycyclin für 96h kultiviert. Die hieraus gewonnenen Proteinproben wurden in einem 7,5% SDS-PAGE elektrophoretisch aufgetrennt und auf eine Nitrocellulosemembran transferiert. Die Expressionsanalyse bestätigte die ordnungsgemäße Expression der PFV-Proteine Gag, Pol und Env vom FAD-Vektorgenom bei FAD-11. Bei FAD-13 war Gag nur schwach nachweisbar; Env-Vorläuferproteine konnte nicht detektiert werden.

4.1.4 Analyse der PFV-Vektorproduktion von FAD-Vektorplasmiden *in vitro*

Nachdem die Western-Blot Experimente gezeigt hatten, dass von den infektiösen FAD-Vektoren eine Tetracyclin-regulierbare Genexpression ausging, wurden die Konstrukte auf ihre Funktionstüchtigkeit hinsichtlich der induzierbaren PFV-Partikelfreisetzung aus den Zellen charakterisiert. Dafür wurden PFV-haltige Zellkulturüberstände von FAD-transgenen Zellen auf sekundäre Zielzellen transferiert und diese schließlich auf das übertragene Transgen hin analysiert. Um zu verhindern, dass möglicherweise noch frei flottierende infektiöse FAD-Vektoren aus einer Primärtransduktion auf Sekundärzielzellen übertragen werden, wurden die Experimente initial als Transfektionen durchgeführt. HEK-293T Zellen wurden dafür mit den Plasmiden FAD-2 und FAD-11 (Konstrukte, deren Transgene durch den SFFV-U3-Promotor reguliert werden) und die Plasmide FAD-9 und FAD-13 (Konstrukte, deren Transgene unter eEF-1α-Promotorkontrolle stehen) transfiziert und in Anwesenheit (+) oder Abwesenheit (-) von 1µg/ml Doxycyclin für 72h kultiviert. Anschließend wurde ein zellfreier Überstandtransfer auf HT1080 Zellen zur Bestimmung der $CCID_{50}$ durchgeführt (3.2.1.6). Nach weiteren 48h wurden die transgenen HT1080 Zellen durchflusscytometrisch analysiert. Hierzu mussten die potentiell hIL-1Ra-transgenen HT1080 Zellen, die mit FAD-11 oder FAD-13-Überständen inkubiert worden waren, mit dem PE-konjugierten Antikörper FastImmune™ anti-human IL-1Ra intrazellulär angefärbt werden (3.2.11). Der PFV-Vektor-vermittelte eGFP-Gentransfer aus FAD-2 und FAD-9 Überständen konnte hingegen direkt am Durchflusscytometer gemessen werden.

Die Resultate belegten, dass keine nachweisbare Partikelfreisetzung aus den FAD-9 und FAD-13 transfizierten HEK-293T Zellen stattgefunden hat - transgene HT1080 Zellen waren durchflusscytometrisch nicht detektierbar. Demgegenüber konnten bei FAD-2 (Abb. 19A) und FAD-11 (Abb. 19B) transfizierten Zellen ein effizienter Gentransfer in Anwesenheit von Doxycyclin festgestellt werden. Aufgrund der Basalaktivität des Tetracyclin-abhängigen Promotors war jedoch auch ohne Doxycyclin eine Synthese von PFV-Partikeln feststellbar. Weil die Differenzen der $CCID_{50}$-Werte von Doxycyclin-induziertem zu nicht-induziertem Zustand aber jeweils fast zwei log_{10}-Stufen betrugen, waren die PFV-Titer ohne Doxycyclin etwa 100-fach geringer als in dessen Gegenwart (Abb. 19).

Ergebnisse

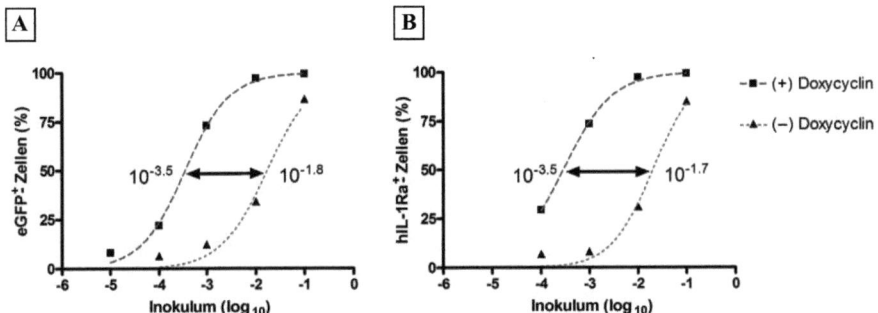

Abb. 19: Funktionalitätsanalyse der Tetracyclin-regulierten FAD-Konstrukte FAD-2 und FAD-11

Die Plasmide FAD-2 und FAD-11 wurden in HEK-293T Zellen transfiziert und mit (+) oder ohne (-) Zugabe von 1µg/ml Doxycyclin zum Zellkulturmedium für 72h kultiviert. Die Überstände wurden durch 0,45µm-Sterilfilter zellfrei filtriert und zur Bestimmung der $CCID_{50}$ im Duplikat auf HT1080 Zellen übertragen. Der prozentuale Anteil eGFP$^+$-Zellen konnte nach 48h bei Überständen aus der FAD-2 Transfektion direkt durchflusscytometrisch gemessen werden (19A). Bei den hIL-1Ra-transgenen Zellen musste vorab eine intrazelluläre Färbung durchgeführt werden, bevor die Messung im Durchflusscytometer erfolgen konnte (19B). Die errechneten $CCID_{50}$-Werte wurden in die Diagramme mit eingefügt. In Abhängigkeit vom Induktionsstatus des Tetracyclin-induzierbaren Promotors ergaben sich signifikante Unterschiede in den jeweiligen PFV-Titern.

4.1.5 Analyse der PFV-Vektorproduktion von infektiösen FAD-Vektoren *in vitro*

Im nächsten Schritt wurde die Funktionalität der infektiösen FAD-Vektoren hinsichtlich der induzierbaren PFV-Partikelfreisetzung aus den Zellen charakterisiert. Dafür wurden A549 Zellen mit den Vektoren FAD-9, FAD-10, FAD-11, FAD-12 bzw. FAD-13 mit einer MOI von 100 für drei Stunden transduziert und nachfolgend zweimal mit PBS gewaschen, um ungebundene FAD-Vektorpartikel zu entfernen. Die transduzierten Zellen wurden wiederum mit (+) oder ohne (-) 1µg/ml Doxycyclin inkubiert. Drei Tage nach der Primärtransduktion wurde ein Überstandtransfer auf HT1080 Zellen durchgeführt und zeitgleich die Gesamt-RNA der FAD-10, FAD-11, FAD-12 und FAD-13 transduzierten A549 Zellen isoliert. Nach weiteren 48h wurden die mit den FAD-9 Überständen sekundärtransduzierten HT1080 Zellen unter dem Fluoreszenzmikroskop geprüft. Es konnten keine eGFP$^+$-Zellen wahrgenommen werden, womit das Ergebnis des initialen Transfektionsexperimentes (4.1.4) bestätigt wurde (Abb. 20A). Aus allen übrigen sekundärtransduzierten HT1080 Zellen wurde die Gesamt-RNA extrahiert. Die gewonnene Gesamt-RNA der Primär-und Sekundärtransduktionen wurde schließlich in cDNA umgeschrieben und mittels qRT-PCR die relative Genexpression von rIL-1Ra bzw. hIL-1Ra quantifiziert. Die experimentellen Befunde sind in den Abbildungen [20B] und [20C] graphisch dargestellt. Es konnte gezeigt werden, dass alle FAD-Vektoren die A549 Zellen primär erfolgreich transduziert hatten und erhöhte IL-1Ra-Expressionsstärken durch die Zugabe von Doxycyclin innerhalb eines betrachteten FAD-Vektors zu verzeichnen waren. So wurden für den Vektor FAD-11 infolge der Primärtransduktionen der A549 Zellen mittlere relative hIL-1Ra-Expressionswerte von 142,02 (mit Doxycyclin) und 115,36 (ohne Doxycyclin) gemessen. Bei den FAD-Vektoren mit SFFV-U3-regulierter Transgenkassette (FAD-10 und FAD-11) konnte ferner ein sekundärer PFV-vermittelter IL-1Ra-Gentransfer auf HT1080 Zellen festgestellt werden. Die Gentransfer-Raten wurden dabei maßgeblich von der Doxycyclin-abhängigen Induktion der PFV-Vektorkassette im primären Transduktionszyklus beeinflusst. Erfolgte keine Zugabe von Doxycyclin im primären FAD-Transduktionszyklus waren die relativen IL-1Ra-Genexpressionen in den HT1080 Zellen um den Faktor 831 (FAD-10) bzw. den Faktor 38 (FAD-11) geringer. Für die Vektoren FAD-12 und FAD-13 ließ sich generell kein IL-1Ra-Gentransfer im Sekundärzyklus nachweisen - die quantifizierten relativen IL-1Ra-Genexpressionen der HT1080 Zellen waren unabhängig vom PFV-Induktionsstatus der Primärtransduktion gleichermaßen niedrig (Tab. 4). Die nicht-funktionalen FAD-Gentransfervektoren FAD-12 und FAD-13 fanden in den weiteren Experimenten deshalb keine Verwendung mehr.

Ergebnisse

A

FAD-9

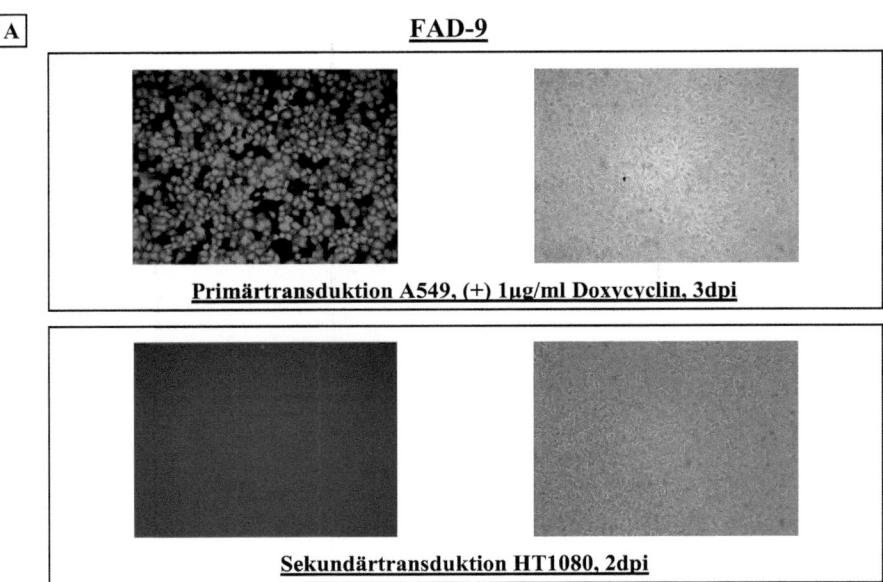

B

FAD-10 **FAD-12**

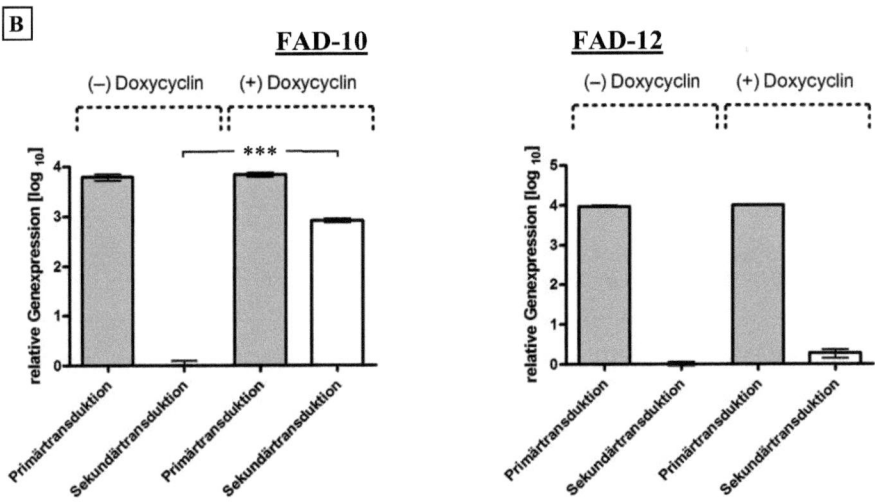

Ergebnisse

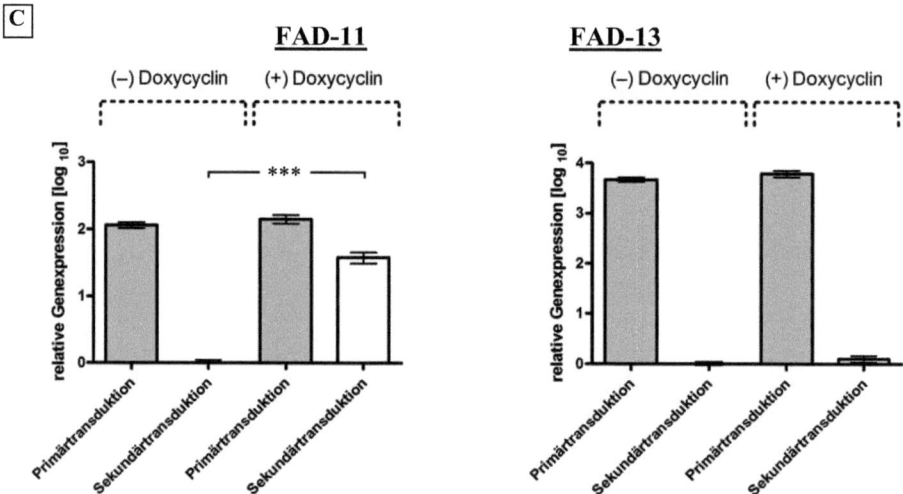

Abb. 20: Funktionalitätsanalyse der infektiösen FAD-Vektoren FAD-9 bis FAD-13

A549 Zellen wurden mit MOI 100 transduziert und für 3 Tage mit (+) oder ohne (-) 1µg/ml Doxycyclin in Kultur gehalten. Die Zellkulturüberstände wurden abgenommen, mit 0,45µm-Filtern sterilfiltriert und Aliquots von jeweils 25µl auf HT1080 übertragen. Nach 48h zeigten die fluoreszenzmikroskopischen Analysen beim Vektor FAD-9 keinen nachweisbaren eGFP-Gentransfer auf HT1080 Zellen (20A). Ein wirksamer PFV-vermittelter Gentransfer von IL-1Ra auf HT1080 Zellen nach Doxycyclinzugabe konnte in qRT-PCR Experimenten für die FAD-Vektoren 10 und 11 bewiesen werden. Die Vektoren FAD-12 und FAD-13 erwiesen sich hinsichtlich ihres Potentials foamyvirale Vektorpartikel zu bilden als nicht-funktional (20B und 20C). Dargestellt sind die Mittelwerte mit Standardabweichung von jeweils zwei Versuchen; t-Test: $P<0.05$, ***.

Tab. 4: Mittlere relative IL-1Ra Expressionswerte nach A549-Primärtransduktionen und HT1080-Sekundärtransduktionen

Vektor	Transgen-promotor	Transgen	Primärtransduktion		Sekundärtransduktion	
			(+) Doxycyclin	(-) Doxycyclin	(+) Doxycyclin	(-) Doxycyclin
FAD-10	SFFV-U3	rIL-1Ra	6888,62	6008,38	831,75	1
FAD-11	SFFV-U3	hIL-1Ra	142,02	115,36	38,05	1
FAD-12	eEF-1α	rIL-1Ra	10085,54	9410,14	1,87	1
FAD-13	eEF-1α	hIL-1Ra	6208,38	5705,07	1,27	1

4.1.6 Langzeit-Transduktionsanalysen der Gentransfervektoren FAD-2 und FAD-11 in den humanen Zelllinien A549 und hMSC-TERT4 sowie in Synovialzellen der Ratte

Zur Untersuchung der PFV-Vektor-abhängigen Langzeit-Transgenexpression nach FAD-Primärtransduktion wurden die humanen Zelllinien A549 und hMSC-TERT4 sowie Synovialzellen der Ratte zunächst mit dem eGFP-exprimierenden Vektor FAD-2 mit MOI 100 transduziert und in Anwesenheit (+) oder Abwesenheit (-) von 1µg/ml Doxycyclin kultiviert. An den Tagen 2, 7, 12, 17, 22 und 27 nach der Transduktion wurden die Zellen in einem Verhältnis von 1 zu 5 passagiert und jeweils 20.000 Zellen durchflusscytometrisch auf eGFP-Expression analysiert. Die gewonnenen Resultate sind in der Abbildung [21A] graphisch wiedergegeben. Zur besseren Vergleichbarkeit der Werte wurden die relativen Anteile eGFP-positiver Zellen zu den jeweiligen Zeitpunkten dargestellt, als 100%-Wert wurde dabei der Anteil eGFP-positiver Zellen am Tag 2 nach der Transduktion festgelegt.

An Tag 27 nach der Transduktion mit FAD-2 konnte bei A549 Zellen ein um den Faktor 30 höherer Anteil eGFP-positiver Zellen in Gegenwart von Doxycyclin festgestellt werden. Bei den hMSC-TERT4 Zellen war der Anteil eGFP-positiver Zellen um den Faktor 40 und bei den Synovialzellen gar um den Faktor 84 höher, wenn die Zellen mit Doxycyclin kultiviert wurden. Die Ergebnisse belegten folglich einen langfristig-stabilen *in vitro* eGFP-Markergentransfer durch freigesetzte PFV-Vektorpartikel nach Zugabe von Doxycyclin zum Zellkulturmedium. Dabei zeigten alle drei untersuchten Zelltypen eine funktionelle Induktion der PFV-Vektorexpression.

Äquivalente Resultate konnten auch bei analog durchgeführten Transduktionsexperimenten mit dem gentherapeutischen Vektor FAD-11 erzielt werden. Dafür wurden A549 Zellen, hMSC-TERT4 Zellen und Synovialzellen der Ratte mit MOI 200 transduziert und mit (+) oder ohne (-) Doxycyclin für 18 Tage in Kultur gehalten. An den Tagen 2, 6, 10, 14 und 18 nach der Transduktion wurden konditionierte Überstände für die ELISA-Messung des sekretierten humanen IL-1 Rezeptorantagonisten gewonnen und die Zellen anschließend im Verhältnis 1 zu 5 passagiert. Die Ergebnisse sind in der Abbildung [21B] dargestellt. Ohne Doxycyclininduktion konnte ab den Tagen 10 (bei hMSC-TERT4) und 14 (bei Synovialzellen) kein IL-1Ra mehr im ELISA detektiert werden (Abb. 21).

Ergebnisse

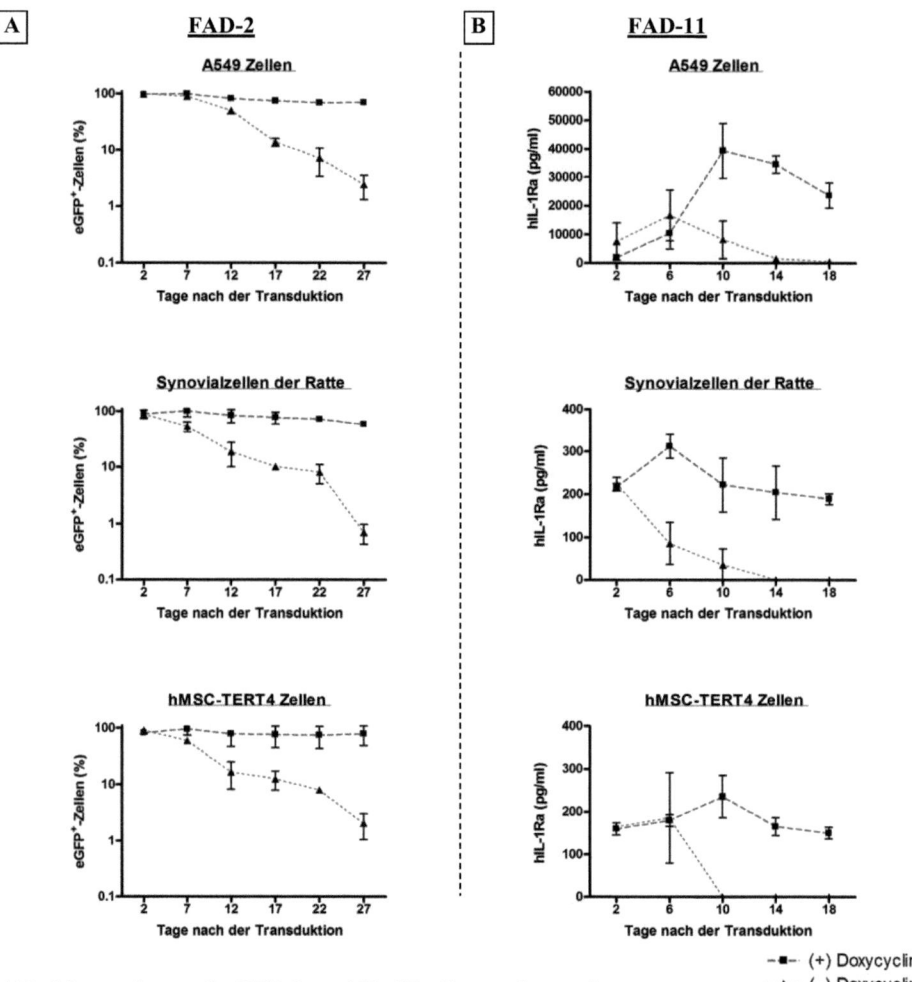

Abb. 21: Langzeit eGFP- bzw. hIL-1Ra-Expression nach Doxycyclin-vermittelter Induktion der PFV-Vektorexpression

Zur Analyse der PFV-Vektor-abhängigen stabilen *in vitro* Transgenexpression nach FAD-Primärtransduktion wurden A549 und hMSC-TERT4 Zellen sowie Synovialzellen der Ratte mit den Vektoren FAD-2 mit MOI 100 (21A) bzw. FAD-11 mit MOI 200 (21B) transduziert und mit (+) oder ohne (−) Doxycyclin kultiviert. Zu den angegebenen Zeitpunkten wurden die Zellen im Verhältnis 1 zu 5 passagiert und 20.000 Zellen durchflusscytometrisch auf eGFP-Expression analysiert (21A) bzw. unmittelbar vor der Zellpassage konditionierte Überstände zur quantitativen Bestimmung des sekretierten hIL-1Ra-Proteins abgenommen (21B). Dargestellt sind die Mittelwerte mit Standardabweichung von jeweils zwei Versuchen. Zur besseren Vergleichbarkeit sind auf der y-Achse die relativen Anteile eGFP-positiver Zellen zu den jeweiligen Zeitpunkten dargestellt; als 100%-Wert wurde der Anteil eGFP-positiver Zellen am Tag 2 festgelegt (21A). Die ELISA-Messwerte wurden demgegenüber nicht skaliert (21B).

4.1.7 Relative Quantifizierung der intrazellulären Vektorgenome

Die experimentelle Bestätigung, dass die unter 4.1.6 beobachteten Effekte der Langzeit-Transgenexpression in den Zellkulturversuchen von PFV-Integraten resultierten, konnte mit Hilfe der qRT-PCR erbracht werden. Dafür wurden Synovialzellen der Ratte (Daten nicht gezeigt) und A549 Zellen mit dem gentherapeutischen Vektor FAD-11 mit MOI 200 transduziert und in Anwesenheit (+) oder Abwesenheit (-) von 1µg/ml Doxycyclin in Kultur gehalten. An den Tagen 1, 6, 11, 16, 21 und 26 nach der Transduktion wurden die Zellen in einem Verhältnis von 1 zu 5 passagiert und die genomische DNA isoliert. Mit spezifischen Primerpaaren für den PFV-*gag*-Bereich und den reversen Tetracyclin-abhängigen Transaktivator (*rtTA*) wurden jeweils 10ng der isolierten DNA in der qRT-PCR analysiert. Der PFV-*gag*-Bereich ist hierbei sowohl im FAD-Vektorgenom, als auch in den neu gebildeten PFV-Vektorgenomen enthalten, wohingegen der rtTA-Bereich einzig auf dem FAD-Vektorgenom lokalisiert ist (Abb. 22A). Darüber hinaus wurden definierte Bereiche aus jeweils zwei zellulären Genen amplifiziert und zur Normalisierung der Proben eingesetzt (3.1.6.1).

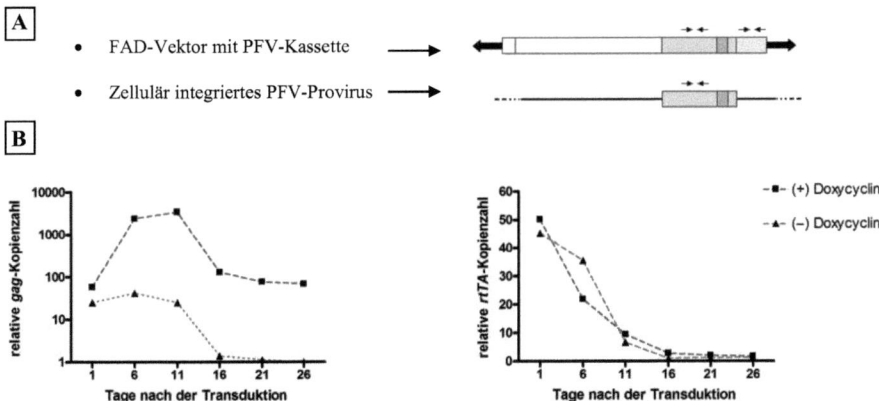

Abb. 22: **Kinetik der intrazellulären Vektorgenome nach relativer Quantifizierung**

Die Abbildung [22A] stellt die Primerbindestellen im FAD-Vektor für *rtTA* und PFV-*gag* schematisch dar. Das rtTA-Primerpaar hybridisierte nur im FAD-Genom. A549 Zellen wurden mit FAD-11 mit MOI 200 transduziert und in An- oder Abwesenheit von 1µg/ml Doxycyclin in Kultur gehalten. Zu den auf der x-Achse der Graphen angeführten Zeitpunkten wurden die Zellen im Verhältnis 1 zu 5 passagiert, die genomische DNA isoliert und in der qRT-PCR analysiert. Die ermittelten relativen Kopienzahlen für *rtTA* und PFV-*gag* wurden über die y-Achse aufgetragen. Es wurde ersichtlich, dass infolge einer Doxycyclininduktion die relative *gag*-Kopienzahl stabil um den Faktor 58 bis 68 höher lag (22B, linker Graph). Die *rtTA*-Kopienzahl hingegen reduzierte sich, wie zu erwarten war, gleichbleibend und unabhängig von der Gegenwart von Doxycyclin im Medium (22B, rechter Graph).

Infolge der Stimulation der transduzierten Zellen mit Doxycyclin wurde eine signifikante Zunahme der relativen *gag*-Kopienzahl zwischen Tag 1 und 6 beobachtet, die als Folge proviraler PFV-Integrate gewertet werden kann. In Abwesenheit von Doxycyclin war die *gag*-Kopienzahl zu diesem Zeitpunkt um den Faktor 58 niedriger. Auch nach der sechsten Passage der Zellen, am 26. Tag des Experiments, bezifferte sich die Differenz der relativen *gag*-Kopienzahlen zwischen den zwei Kohorten auf den Faktor 68. Demgegenüber verminderte sich die relative *rtTA*-Kopienzahl der Zellen von der ersten bis zur letzten Passage unabhängig vom Induktionsstatus der PFV-Vektorkassette. Daraus konnte geschlossen werden, dass weitgehende Verluste von FAD-Vektorgenomen (durch Zellpassage) stattgefunden haben und der hohe Anteil stabiler transgener Zellen unter Doxycyclin aus regulären foamyviralen Integrationsereignissen resultierte (Abb. 22B).

4.1.8 Kinetik der PFV-Vektorfreisetzung aus transient PFV-produzierenden Zellen

Nachdem die Langzeittransgenexpression von eGFP bzw. IL-1Ra *in vitro* experimentell erfolgreich gezeigt werden konnte (4.1.6), sollte nun die Kinetik der PFV-Vektorfreisetzung aus den FAD-transduzierten Zellen untersucht werden. Aufgrund der S/MAR-Elemente (scaffold/ matrix attachment region), die im HPRT-Lokus der FAD-Stuffer-DNA vorhanden sind, war eine gewisse Langzeitexpression der translozierten FAD-Vektorgenome im Nukleus der Zellen und demnach auch eine dauerhafte PFV-Vektorfreisetzung unter Doxycyclin zu erwarten. S/MARs sind funktionale Elemente der DNA, die mit der Kernmatrix assoziieren und so die Basis der Chromatinschleifen bilden. Durch die Verankerung an die Kernmatrix kann die Stabilität eingebrachter Fremd-DNA im Zellkern erhöht werden (Cossons et al. 1997; Schiedner et al. 2002; Imperiale und Kochanek 2004).

Zur Analyse der PFV-Vektorpartikelbildung, die innerhalb eines Zeitraumes von 24 Stunden erfolgt, wurden zunächst A549 Zellen mit dem eGFP-exprimierenden Vektor FAD-2 mit MOI 100 und Synovialzellen mit MOI 250 transduziert und mit (+) oder ohne (-) Doxycyclin (1µg/ml) für einen Tag kultiviert. Nach 24 Stunden wurde ein zellfreier Überstandtransfer auf HT1080 Zellen vorgenommen, die A549 und Synovialzellen zweimal mit PBS gewaschen und neues Zellkulturmedium, das dem Ausgangsvolumen entsprach, hinzugefügt. Die Zellen wurden erneut in Gegenwart oder Abwesenheit von Doxycyclin (1µg/ml) für einen Tag kultiviert. Dem schloss sich wiederum ein Überstandtransfer auf HT1080 Zellen an.

Die beschriebene experimentelle Vorgehensweise zur Gewinnung konditionierter PFV-haltiger Überstände wurde zusammenfassend an den Tagen 1, 2, 3, 4, 7, 14 sowie 21 (Tag 21: nur Synovialzellen) nach der Primärtransduktion angewendet. Nach jeweils zweitägiger Inkubation mit den PFV-haltigen Überständen wurden die HT1080 Zellen durchflusscytometrisch auf eGFP-Expression analysiert.

Die Daten der Sekundärtransduktionen zeigten eine rapide PFV-Titerabnahme bei beiden Zelltypen innerhalb von 7 Tagen. Die stärkste PFV-Freisetzung konnte bei den A549 Zellen am Tag 3 (78,3 ± 1,5 % eGFP$^+$ HT1080 Zellen) und bei den Synovialzellen am Tag 2 (92,5 ± 0,2% eGFP$^+$ HT1080 Zellen) beobachtet werden. Von diesen Maximalwerten ausgehend, hatten sich die Titer bereits 7 Tage nach der Transduktion um 66% (Synovialzellen) bzw. um 40% (A549 Zellen) reduziert. Nach 14 und 21 Tagen waren über die Sekundärtransduktionen kaum noch freigesetzte PFV-Vektoren detektierbar (Abb. 23).

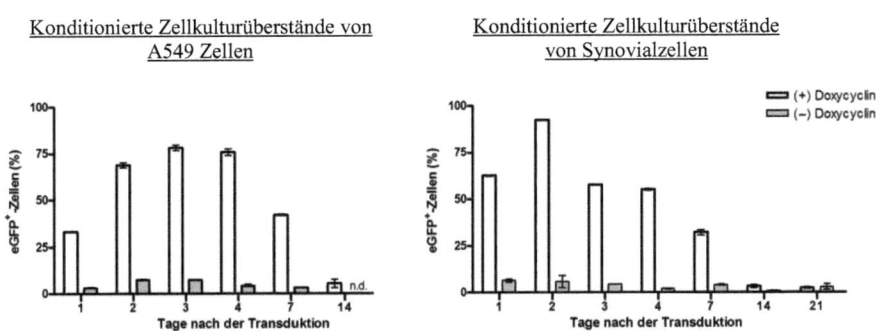

Abb. 23: **Langzeitkinetik der PFV-Vektorpartikelfreisetzung nach Transduktion der Zelllinie A549 und Synovialzellen der Ratte mit FAD-2**

Das Potential FAD-transduzierter A549 Zellen (linkes Diagramm) und Synovialzellen der Ratte (rechtes Diagramm) PFV-Vektoren freizusetzen, verminderte sich signifikant im Untersuchungszeitraum von 14 bzw. 21 Tagen. Die Zellen wurden mit dem Vektor FAD-2 mit MOI 100 (A549 Zellen) bzw. MOI 250 (Synovialzellen) transduziert und in Gegenwart oder Abwesenheit von Doxycyclin (1μg/ml) kultiviert. Zu den auf der x-Achse dargestellten Zeitpunkten wurden Überstände, die immer vierundzwanzig Stunden konditioniert waren, zellfrei auf HT1080 Zellen übertragen. Nach 48h-Inkubation wurden jeweils 20.000 HT1080 Zellen durchflusscytometrisch analysiert. Die relativen Werte eGFP$^+$ HT1080 Zellen wurden in Relation zum Zeitpunkt nach der Primärtransduktion graphisch aufgetragen. Sowohl Primär-, als auch Sekundärtransduktionen wurden im Duplikat durchgeführt. (n.d.) nicht detektierbar; (±) Mittelwert mit Standardabweichung.

Ergebnisse

Das Experiment wurde mit dem gentherapeutischen Vektor FAD-11 wiederholt. Dabei wurden abermals A549 Zellen sowie Synovialzellen der Ratte verwendet, die mit MOI 250 (Daten nicht gezeigt) und MOI 500 transduziert wurden. Überstände dieser Zellen, die 24h konditioniert waren, wurden zellfrei auf HT1080 Zellen übertragen. Am darauffolgenden Tag wurden die HT1080 Zellen mit PBS gewaschen, frisches Zellkulturmedium hinzugefügt und die Zellen für weitere 72h in Kultur gehalten. Für die Quantifizierung des sekretierten hIL-1Ra-Proteins, welches in direkter Korrelation zur Transduktionsrate der HT1080 Zellen stand, wurde der hIL-1Ra-ELISA (R&D Systems) benutzt. Zusätzlich wurden die hIL-1Ra-Konzentrationen aus den A549- und Synovialzellkulturüberständen ermittelt. Der Zeitrahmen der Experimente erstreckte sich über 21 Tage.

Mit den gewonnenen ELISA-Daten konnte die zeitliche Limitation der PFV-Vektorfreisetzung bestätigt werden. Die höchste PFV-Vektorfreisetzung unter Doxycyclinbehandlung wurde durchschnittlich vier Tage nach den Primärtransduktionen beobachtet. Auf HT1080 Zellen übertragene Überstände bewirkten hier die höchsten hIL-1Ra-Konzentrationen im Untersuchungszeitraum von 21 Tagen. Bei den primärtransduzierten A549 Zellen war erkennbar, dass ohne die Zugabe von Doxycylin nach Tag 7 (9,2 ± 4,3ng/ml) zwar noch ähnlich viel hIL-1Ra sezerniert wurde, wie nach Tag 3 (8,9 ± 2,3ng/ml), nach 14 Tagen hIL-1Ra aber nur noch in Spuren (1,64 ± 0,14ng/ml) und nach 21 Tagen überhaupt nicht mehr nachweisbar war. Doxycyclin induzierte A549 Zellen hingegen sekretierten 7 Tage nach der Transduktion signifikant höhere hIL-1Ra-Mengen (50,8 ± 14,2 ng/ml) ins Medium. Generell konnte kein PFV-abhängiger hIL-1Ra-Gentransfer auf HT1080 Zellen ohne Doxycyclininduktion der mit FAD transduzierten Zellen nachgewiesen werden. Diesbezüglich gleichwertige Ergebnisse konnten auch von den Synovialzellen gewonnen werden. Dies legte den Schluss nahe, dass die im Nukleus befindlichen FAD-Genome innerhalb kürzester Zeit instabil oder von den Zellen epigenetisch verändert werden und die Langzeittransgenexpression in den primärtransduzierten Zellen nahezu ausschließlich von PFV-Integraten vermittelt wurde. Die Befunde der intrazellulären Vektorgenomquantifizierung (4.1.8) konnten dadurch nochmals verifiziert werden (Abb. 24).

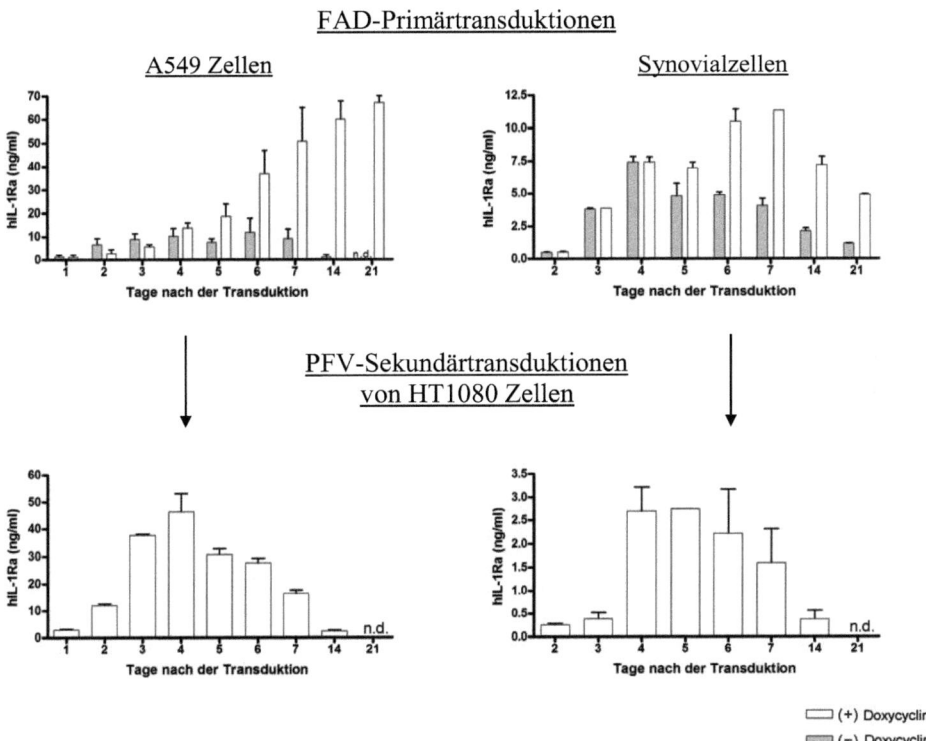

Abb. 24: Langzeitkinetik der PFV-Vektorpartikelfreisetzung nach Transduktion der Zelllinie A549 und Synovialzellen der Ratte mit FAD-11

Das Potential FAD-transduzierter A549 Zellen und Synovialzellen der Ratte PFV-Vektoren freizusetzen, reduzierte sich signifikant innerhalb des Untersuchungszeitraums. Die Zellen wurden mit dem Vektor FAD-11 mit MOI 500 transduziert und mit oder ohne Doxycyclin (1µg/ml) für 21 Tage kultiviert. Zu den auf der x-Achse dargestellten Zeitpunkten wurden Überstände, die immer 24h konditioniert waren, zellfrei auf HT1080 Zellen übertragen. Die Medien der HT1080 Zellen wurde nach 24h gewechselt und die Zellen für weitere 72h in Kultur gehalten. Sekretierter hIL-1Ra aus den im Duplikat durchgeführten Transduktionen wurde mit dem hIL-1Ra-ELISA quantifiziert. Graphisch dargestellt wurden die Mittelwerte mit Standardabweichung. (n.d.) nicht detektierbar.

Ergebnisse

Im Zuge dieser Experimente wurden die ersten Versuche unternommen, die physikalische Zahl freigesetzter foamyviraler Partikel mit Hilfe der qRT-PCR zu quantifizieren. Dafür wurde in das Plasmid pMH87tet der ORF von hIL-1Ra kloniert und aus dem neuen Vektor die PFV-Kassette über einen Restriktionsverdau mit NarI und XhoI freigesetzt. Die Größe dieses Fragments (10,17kbp) entsprach mit einer Abweichung von 2,26% der Größe des verpackten PFV-Genoms und fand als DNA-Standard Verwendung. Durch die Linearisierung der Standard-DNA konnte zudem ein Höchstmaß an Homologie zur DNA-Konformation der PFV-Vektorgenome erreicht und die Wahrscheinlichkeit einer sterisch bedingten Beeinflussung der DNA-Polymerasen, wie sie bei einer zirkulären, supercoiled Plasmid-DNA zu erwarten ist, ausgeschlossen werden. Die Standard-DNA wurde in Zellkulturmedium verdünnt und analog der PFV-haltigen Proben 1µl nativ zum Reaktionsansatz pipettiert (3.1.6.2).

Als exemplarisches Beispiel sei nachfolgend kurz die Strategie zur absoluten Quantifizierung der PFV-haltigen Überstände der FAD-11 transduzierten A549 Zellen (MOI 500) des im Text zuvor beschriebenen 21 Tage-Experimentes dargestellt.

Zunächst wurde eine frische Verdünnungsreihe des DNA-Standards von 1ng bis 10^{-5}ng hergestellt und neben den A549-Zellkulturüberständen im Duplikat analysiert. In der Abbildung [25] werden die Fluoreszenzkurven für die Amplifikation der Standard-DNA und die daraus errechnete Regressionskurve graphisch dargestellt. Die mathematisch ermittelte PCR-Effizienz des Standards von 101,9% deutete auf eine optimale Amplifikation hin und war in den qRT-PCR-Experimenten reproduzierbar. Anhand der Standardkurve und der PCR-Effizienz wurde ersichtlich, dass das Zellkulturmedium im 20µl-PCR-Gesamtansatz keine nennenswerten inhibitorischen Effekte auf die PCR-Reaktion zur Folge hatte. Da die zu analysierenden Zellkulturüberstände einerseits nur 24h alt waren, was eine Akkumulation potentieller PCR-Inhibitoren aus dem Zellmetabolismus unwahrscheinlich erscheinen lässt, und die membranumhüllten foamyviralen Vektorpartikel durch den initialen 5-minütigen 95°C Temperaturschritt der PCR darüber hinaus thermisch denaturiert werden, wurde eine vergleichbare PCR-Effizienz der Proben angenommen.

Die qRT-PCR Resultate der A549-Überstände konnten die ELISA-Ergebnisse tendenziell bestätigen. Eine maximale Partikelfreisetzung ließ sich unter Doxycyclininduktion für den vierten Tag zeigen ($2,78 \times 10^7 \pm 8,39 \times 10^5$ Partikel/ml). Bereits drei Tage später war die Partikelfreisetzung um annähernd 60% und nach vierzehn Tagen um 96% abgefallen.

Alle C_T-Werte der Überstände von nicht-Doxycyclin-induzierten A549 Zellen lagen bei diesem Experiment oberhalb von PCR-Zyklus 29 und damit außerhalb des dynamischen Bereichs der Standardkurve (Nachweisgrenze des qRT-PCR Assays bei 10^{-5} ng bzw. 450 PFV-Vektoren/µl). Die Ergebnisse sind in Abbildung [26] graphisch wiedergegeben.

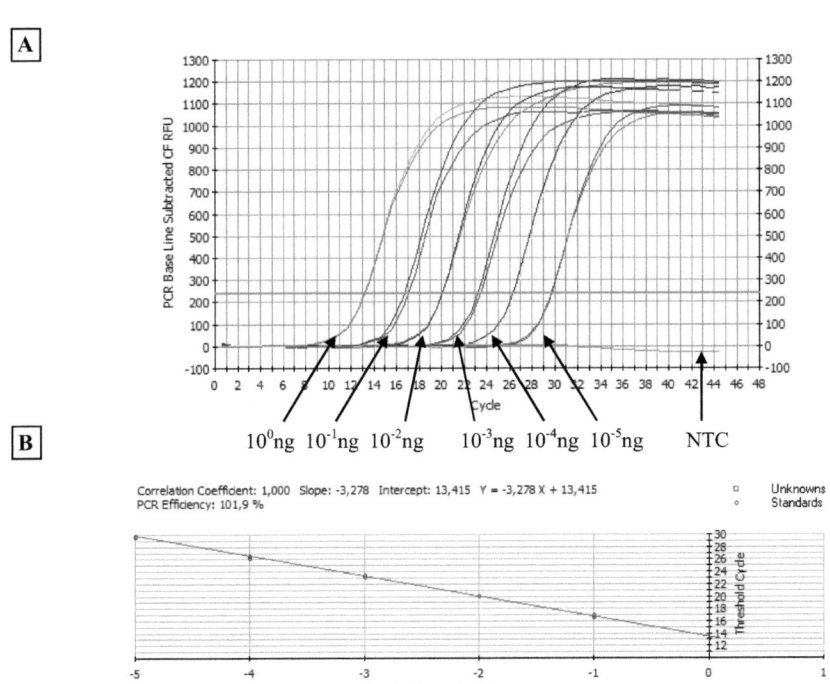

Abb. 25: **qRT-PCR Fluoreszenzkurven und Standardkurve der PFV-Standard-DNA**

In der oberen Abbildung [25A] wurde der Anstieg der Fluoreszenzsignale (y-Achse) gegen die PCR-Zyklenzahl (x-Achse) aufgetragen. Die Differenzen der ermittelten C_T-Werte (Cycle Threshold) unterschieden sich um durchschnittlich drei Zyklen. Mathematisch errechnete sich hieraus eine PCR-Effizienz von 101,9%. Demnach lief die PCR qualitativ hochwertig ab, dass heißt in jedem Zyklus wurde die Standard-DNA verdoppelt. In der unteren Abbildung [25B] wurde die eingesetzte DNA-Ausgangsmenge des logarithmisch verdünnten Standards auf der x-Achse gegen die C_T-Werte auf der y-Achse dargestellt. Abbildungen aus iCyclerIQ V3.1 (Bio-Rad). (NTC) Negativkontrolle.

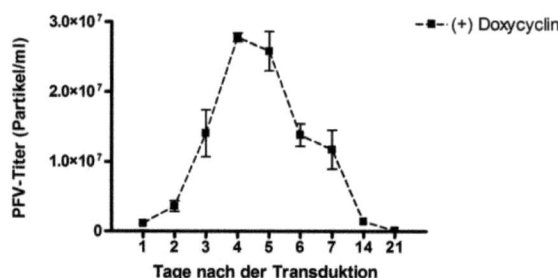

Abb. 26: Absolute Quantifizierung der freigesetzten PFV-Vektoren aus FAD-11 transduzierten A549 Zellen unter Doxycyclinbehandlung

A549 Zellen wurden mit dem Vektor FAD-11 mit MOI 500 transduziert und mit (+) oder ohne (-) Doxycyclin (1µg/ml) für 21 Tage in Kultur gehalten. Die Zellen wurden immer für einen Tag in den Zellkulturmedien kultiviert, um die 24-stündige PFV-Vektorfreisetzung zu charakterisieren. Nach der Gewinnung der Proben wurden die Zellkulturmedien stets komplett gewechselt. Die untere Nachweisgrenze des Assays lag bei 450 PFV-Vektoren/µl. Die Messung stellt die mittlere PFV-Vektorzahl mit Standardabweichung einer Duplikatmessung dar.

4.1.9 Quantitative Analyse des Genexpressionsmusters der proinflammatorischen Cytokine IL-1β, IL-6 und IL-8 in A549 Zellen nach IL-1β Stimulation

Für die Evaluierung der protektiven Effekte eines FAD-vermittelten Gentransfers von IL-1Ra mussten vorab die proinflammatorischen Wirkungen von IL-1β *in vitro* untersucht werden. Der proinflammatorische Mediator IL-1β nimmt eine Schlüsselposition bei der Generierung systemischer und lokaler Immunreaktionen ein. Im Gegensatz zum ebenfalls proinflammatorischen IL-1α, das überwiegend intrazellulär lokalisiert ist, wird IL-1β von Cytokin-produzierenden Zellen sekretiert und fungiert als parakriner Botenstoff. Auf zellulärer Ebene vermittelt es seine pleiotropen biologischen Aktivitäten über Bindung an den membranständigen IL-1 Rezeptor Typ I (IL-1RI; siehe Abb. 9; 1.4.1). Dabei wird eine nachgeschaltete komplexe Signalkaskade aktiviert, die schließlich über die Aktivierung des Transkriptionsfaktors NF-κB zur Induktion weiterer proinflammatorischer Proteine führt. Die Interaktion von IL-1β mit dem IL-1RI wird durch das antagonistisch wirkende Cytokin IL-1Ra inhibiert, welches somit die pathophysiologischen Aktivitäten des Agonisten neutralisieren kann (Abramson und Amin 2002; Barksby et al. 2007).

Zur Analyse der biologischen Effekte von IL-1β bzw. IL-1Ra mussten deshalb zunächst diverse Zelllinien auf die Genexpression des IL-1 Rezeptors Typ I charakterisiert werden. Dafür wurden aus den humanen Zelllinien A549, HEK-293T, HeLa, HepG2, HT1080 und hMSC-TERT4 die Gesamt-RNA isoliert, in cDNA umgeschrieben und mittels qRT-PCR die Genexpression des Rezeptors mit IL-1RI-spezifischen QuantiTect-Primern (Qiagen) bestimmt (3.1.6.1). In allen untersuchten Zelllinien konnte eine IL-1RI-Expression nachgewiesen werden. Dabei zeigten hMSC-TERT4 Zellen eine 117-fach höhere relative Genexpression als HT1080 Zellen (relative Genexpression von 1). A549 Zellen wiesen ebenfalls eine vergleichsweise hohe relative IL-1RI-Expression auf (Abb. 27). Diese Daten lassen vermuten, dass die Sensitivität der mesenchymalen Stammzelllinie hMSC-TERT4 und der Lungenepithelzelllinie A549 auf proinflammatorische IL-1β-Stimuli beträchtlich höher liegt, als die der Nierenzelllinie HEK-293T oder der Fibroblastenzelllinie HT1080. Im Einklang mit diesen Ergebnissen konnte der IL-1RI durch indirekte Immunfluoreszenzfärbungen sowohl auf hMSC-TERT4 und ebenso auf HT1080 Zellen auch auf Proteinebene nachgewiesen werden (Daten nicht gezeigt).

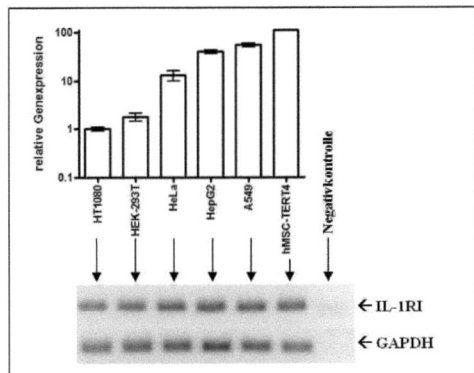

Zelllinie	Mittlere relative Genexpression	Standardabweichung
HT1080	1,00	0,098
HEK-293T	1,78	0,349
HeLa	13,5	3,222
HepG2	39,4	3,862
A549	54,44	5,337
hMSC-TERT4	116,7	0

Abb. 27: **Relative Genexpressionen des IL-1 Rezeptors Typ I in humanen Zelllinien**

Der membranständige IL-1 Rezeptor Typ I wird ubiquitär exprimiert. Qualitativ konnte IL-1RI mRNA in allen untersuchten Zelllinien nachgewiesen werden (Agarosegelbilder). Die kalkulierten mittleren relativen IL-1RI-Genexpressionen variierten indes deutlich. Sehr hohe Genexpressionen wurden in hMSC-TERT4 und A549 Zellen gefunden, verhältnismäßig geringe Genexpressionen zeigten HT1080 und HEK-293T Zellen. Dargestellt sind die Mittelwerte mit Standardabweichung von jeweils zwei Messungen.

Ergebnisse

Aufgrund der verhältnismäßig starken Genexpression des IL-1RI, gepaart mit der hohen Suszeptibilität für adenovirale Vektoren vom Serotyp 5 (4.1.13) und foamyvirale Vektoren (Daten nicht gezeigt), wurde die Lungenepithelzelllinie A549 zur weiteren Überprüfung des protektiven Potentials eines IL-1Ra-Gentransfers ausgewählt.

In unmittelbar anknüpfenden Experimenten wurde dann die Induktion der Genexpression der proinflammatorischen Cytokine IL-1β, IL-6 und IL-8 als Reaktion der Zellen auf eine Stimulation mit IL-1β untersucht. Dafür wurden in 12-Loch-Kulturplatten jeweils 50.000 A549 Zellen pro Kavität ausgesät und am darauffolgenden Tag mit 0,01ng, 0,1ng, 1ng, 10ng und 100ng rekombinantem IL-1β (R&D Systems) pro ml Zellkulturmedium stimuliert. Unbehandelte A549 Zellen dienten als Kontrolle. Nach weiteren 24h wurde die Gesamt-RNA der Zellen isoliert und nach reverser Transkription die Genexpression der erwähnten proinflammatorischen Mediatoren mit der qRT-PCR analysiert.

Die Ergebnisse zeigten, dass der IL-1-Signalweg in den stimulierten Zellen zu einer profunden Hochregulierung von IL-6 und IL-8 geführt hat. Außerdem bewirkte der inflammatorische Stimulus eine Induktion der IL-1β-Transkription, im Sinne einer parakrinen Genaktivierung der Zellen. Maximale relative Genexpressionen konnten bei einer Konzentration von 1ng IL-1β pro ml Zellkulturmedium erzielt werden. Im Vergleich zu nichtbehandelten Kontrollzellen wurde IL-1β um das 201-fache, IL-6 um das 42-fache und IL-8 um das 147-fache hochreguliert. Bei noch höheren IL-1β Konzentrationen konnte keine weitere Zunahme der Genexpression beobachtet werden. Dieser Plateaueffekt kann möglicherweise auf eine Sättigung der IL-1 Rezeptoren und des nachgeschalteten intrazellulären Signaltransduktionsweges zurückgeführt werden (Abb. 28 und Tab. 5).

Tab. 5: Relative Genexpressionswerte von IL-1β, IL-6 und IL-8 in A549 Zellen nach IL-1β-Stimulation

Zelllinie	IL-1β		IL-6		IL-8	
	Mittlere relative Genexpression	Standard-abweichung	Mittlere relative Genexpression	Standard-abweichung	Mittlere relative Genexpression	Standard-abweichung
100ng	174,85	17,140	38,05	0,000	163,14	31,985
10ng	163,14	23,988	39,40	5,793	100,43	9,844
1ng	200,85	19,689	42,22	8,278	147,03	0,000
0,1ng	76,11	11,191	20,39	2,999	107,63	5,275
0,01ng	6,28	0,615	3,25	0,318	12,13	1,189
0ng	1,00	0,049	1,00	0,049	1,00	0,049

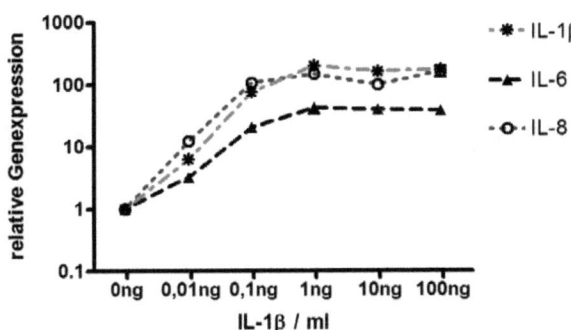

Abb. 28: Quantitative Analyse der Genexpression von IL-1β, IL-6 und IL-8 in A549 Zellen nach IL-1β-Stimulation

A549 Lungenepithelzellen exprimieren als Reaktion auf eine Stimulation mit IL-1β die proinflammatorischen Cytokine IL-1β, IL-6 und IL-8. Für die Messung der relativen Genexpressionen wurden in 12-Loch-Kulturplatten 50.000 A549 Zellen pro Kavität in 1ml DMEM-Ham´s F12 ausgesät und am nächsten Tag mit 0,01ng, 0,1ng, 1ng, 10ng und 100ng rekombinantem IL-1β je 1ml Medium für 24h stimuliert. Zur Normalisierung der Messwerte wurden die mRNA-Expressionen der Referenzgene Beta-Aktin und GAPDH bestimmt. Dargestellt sind die Mittelwerte mit Standardabweichung von jeweils zwei Messungen.

Ergebnisse

4.1.10 Antagonisierung von IL-1β durch hIL-1Ra bei A549 Zellen

Nachdem mit IL-1β, IL-6 und IL-8 drei robuste, leicht zu quantifizierende intrazelluläre Marker gefunden wurden, die in A549 Zellen in Abhängigkeit von IL-1β stark hochreguliert werden, sollte nun die Frage geklärt werden, wie hoch der molare Überschuß des antagonistisch wirkenden IL-1Ra sein muss, um die proinflammatorischen Effekte von IL-1β zu inhibieren. Den Literaturangaben folgend, sind aufgrund des sogenannten „spare receptor"-Effektes sehr hohe IL-1Ra-Konzentrationen notwendig, um die biologischen Effekte von IL-1β *in vitro* und *in vivo* zu blockieren. Da bereits durch 1-2% IL-1β-besetzter Rezeptoren eine biologische Antwort induziert wird, muss der IL-1Ra in 10-100-fach höherer Konzentration vorhanden sein, um durch Absättigung aller vorhandenen Rezeptoren die Zellstimulation zu unterbinden (Nashan und Luger 1999; Abramson und Amin 2002; Arend und Gabay 2004).

Um das notwendige molare Überschußverhältnis von IL-1Ra zu IL-1β in A549 Zellen *in vitro* zu bestimmen, wurde in einem Vorversuch rekombinantes humanes IL-1Ra-Protein in HEK-293T Zellen hergestellt. Dazu wurden 6x10^6 HEK-293T Zellen in 10cm-Schalen ausgesät und am nächsten Tag mit 15µg des eukaryotischen Expressionsplasmides pcDNA3.1^{TM} (+)-IL-1Ra, Mensch (Vektor: diese Arbeit) transfiziert. Die Zellen wurden nach 24h zweimal mit PBS gewaschen, 8ml Medium ergänzt und die Zellen für weitere 96h in Kultur gehalten. Die konditionierten Zellkulturüberstände wurden schließlich abgenommen, vereint und sterilfiltriert. Für die hIL-1Ra-Konzentrationsbestimmung wurde der hIL-1Ra-ELISA (R&D Systems) eingesetzt. In einer vierfach-Messung konnte dabei eine hIL-1Ra-Konzentration von 1546,5 ± 27,6ng/ml ermittelt werden. Das rekombinante humane IL-1Ra-Protein wurde in einem 15ml-Zentrifugenröhrchen bei -80°C gelagert.

Für die Antagonisierungsexperimente wurden in einer 12-Loch-Kulturplatte jeweils 50.000 A549 Zellen pro Kavität ausgesät. Die Zellen wurden einen Tag später mit PBS gewaschen und jeweils 1ml DMEM-Ham´s F12 pro Kavität hinzugefügt. Zu den Zellen wurden dann die entsprechenden Volumina für 50ng, 100ng, 250ng, 750ng, 1000ng und 2000ng rekombinantes hIL-1Ra-Protein pipettiert und unmittelbar danach 1ng IL-1β ergänzt. Jeweils zwei Negativ- und Positivkontrollen wurden parallel mitgeführt. Nach 24h wurden die Zellen geerntet und die relativen IL-1β- und IL-6-Genexpressionen mit der qRT-PCR eruiert (Abb. 29 und Tab. 6).

Tab. 6: Inhibition des proinflammatorischen IL-1β durch hIL-1Ra bei A549 Zellen

Die Werte wurden mit dem Gene Expression Macro™ V1.1 (Bio-Rad) für Microsoft Excel 2007 kalkuliert. (MRG) mittlere relative Genexpression; (STABW) Standardabweichung.

		hIL-1Ra (ng) ←→ IL-1β (ng)							
		0:1	50:1	100:1	250:1	750:1	1000:1	2000:1	MOCK
IL-1β	MRG	238,86	6,06	4,29	2,30	1,93	1,37	1,19	1,00
	STABW	23,414	0,000	0,210	0,000	0,284	0,201	0,117	0,294
IL-6	MRG	128,00	7,21	7,21	4,00	3,86	2,22	3,14	1,00
	STABW	12,547	1,060	1,060	0,588	0,379	0,326	0,154	0,245

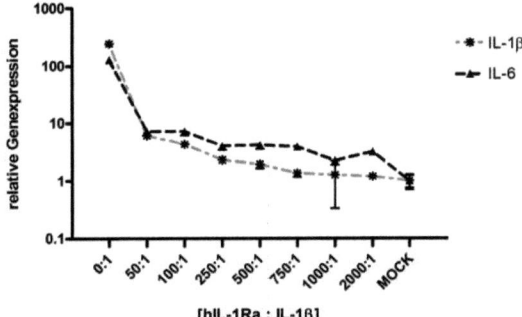

Abb. 29: Inhibition des proinflammatorischen IL-1β durch hIL-1Ra bei A549 Zellen

Der hIL-1Ra vermochte durch Blockade der IL-1 Rezeptoren die proinflammatorische IL-1-Antwort bei A549 Zellen wirksam zu supprimieren. Die funktionsinhibierenden Effekte des hIL-1Ra standen hierbei in direktem Zusammenhang mit der eingesetzten Konzentration. Für die Experimente wurden 50.000 A549 Zellen mit 1ng IL-1 β und hIL-1Ra, das im Überschußverhältnis von 50 zu 1 bis 2000 zu 1 vorlag, für 24h co-kultiviert. Mit der qRT-PCR wurden die relativen Genexpressionen von IL-1β und IL-6 analysiert (Tab. 6). Dargestellt sind die Mittelwerte mit Standardabweichung einer Doppelbestimmung. (MOCK) Negativkontrolle.

Bereits ein 50-facher hIL-1Ra-Überschuß zeigte in den Rezeptorbindungsexperimenten signifikante antiinflammatorische Effekte auf die Transkription der proinflammatorischen Mediatoren. Die mittleren relativen Genexpressionen von IL-1β und IL-6 verminderten sich um den Faktor 40 bzw. 18 im Vergleich zur Positivkontrolle. Eine weitere Verminderung der IL-1β- und IL-6-Genexpressionen konnte mit zunehmendem hIL-1Ra-Überschuß nachgewiesen werden. Gleichwohl konnte die proinflammatorische IL-1-Signaltransduktion durch IL-1β am IL-1RI selbst bei einer 2000-fachen hIL-1Ra-Überschußkonzentration nicht vollständig gehemmt werden.

4.1.11 Protektive Wirkung des FAD-11 vermittelten hIL-1Ra-Gentransfers in A549 Zellen

Für die Evaluierung der protektiven Effekte eines FAD-vermittelten Gentransfers von IL-1Ra wurden in einer 12-Loch-Kulturplatte jeweils 100.000 A549 Zellen ausgesät. Am darauffolgenden Tag wurden die Zellen mit dem hIL-1Ra-exprimierenden Vektor FAD-11 mit MOI 500 für 3h transduziert und anschließend zweimal mit PBS gewaschen, um noch frei flottierende Vektorpartikel zu entfernen. Pro Kavität wurde dann jeweils 1ml DMEM-Ham's F12 hinzugefügt und die A549 Zellen in An- (+) oder Abwesenheit (-) von 1µg/ml Doxycyclin für 96h kultiviert. Die transduzierten Zellen wurden schließlich mit 1ng IL-1β für 24h stimuliert.

Für die Sekundärtransduktionen wurden in einer 12-Loch-Kulturplatte 50.000 A549 Zellen ausgesät und jeweils 250µl der konditionierten Zellkulturüberstände aus der Primärtransduktion zellfrei übertragen. Am nächsten Tag wurden die transduzierten Zellen zweimal mit PBS gewaschen, jeweils 1ml DMEM-Ham's F12 ergänzt und für 96h in Kultur genommen. Die A549 Zellen aus der Sekundärtransduktion wurden schließlich ebenfalls mit 1ng IL-1β für 24h stimuliert.

Nach den 24-stündigen IL-1β-Inkubationen der Primär- und Sekundärtransduktionen wurden die Zellkulturüberstände zur ELISA-Messung der sezernierten hIL-1Ra- und PGE_2-Mengen abgenommen und bis zur Messung bei -80°C asserviert. Das entzündungsfördernde Gewebshormon Prostaglandin E_2 (PGE_2), das ein Abkömmling der Arachidonsäure ist, wird von Zellen als Reaktion auf proinflammatorische Stimuli freigesetzt (Simmons et al. 2004). Eine PGE_2-Sekretion nach IL-1β-Stimulus konnte bereits bei A549 Zellen gezeigt werden (Lin et al. 1999). Darum stellte die PGE_2-Bestimmung einen weiteren direkten Parameter für die Untersuchung der biologischen Wirksamkeit des FAD-11 Vektorsystems dar. Aus den transduzierten Zellen der Primär- und Sekundärtransduktionen wurde die Gesamt-RNA isoliert und in cDNA umgeschrieben. In der qRT-PCR wurden die proinflammatorischen Marker IL-1β und IL-6 gemessen. Daneben wurde die hIL-1Ra-Expression mit der qRT-PCR analysiert, die mit der Zelltransduktionseffizienz korrelierte.

Im Rahmen der durchgeführten Experimente wurden jeweils zwei Negativ- und Positivkontrollen parallel mitgeführt. (Abb. 30 und 31).

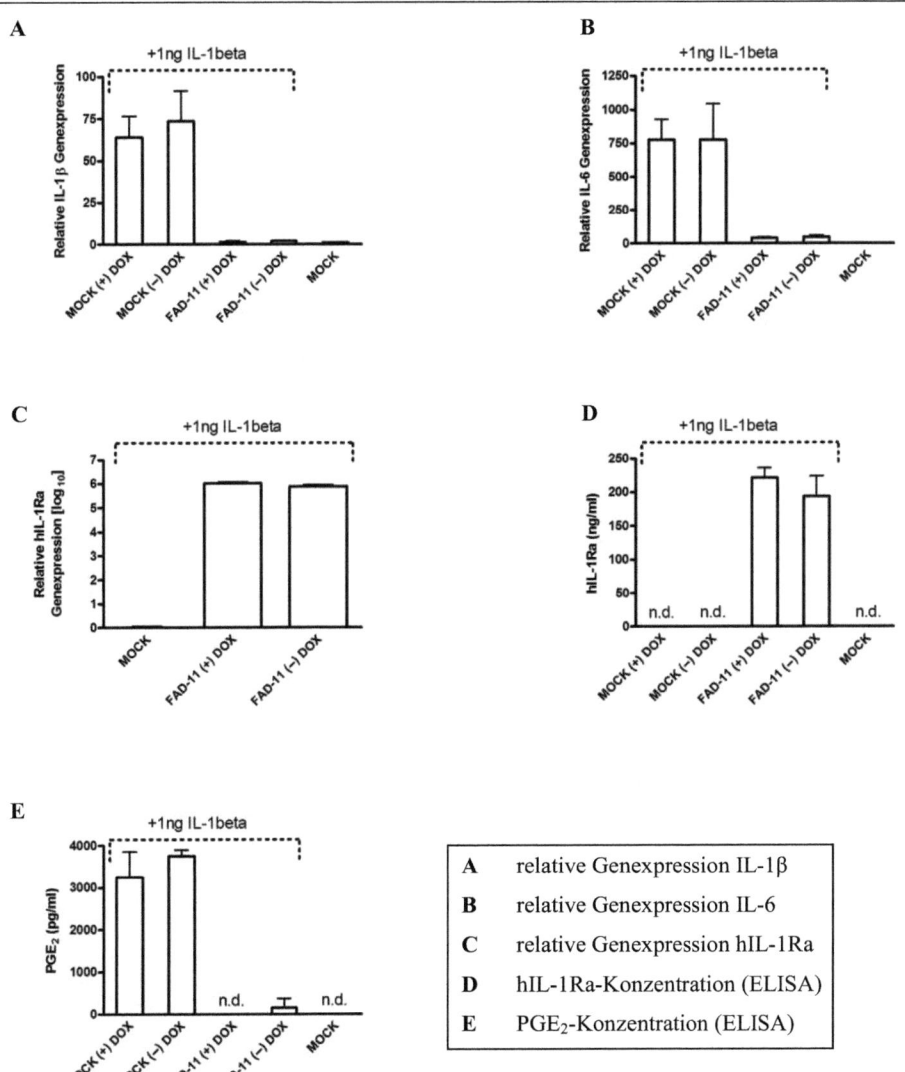

Abb. 30: Biologische Wirksamkeit des Vektorsystems FAD-11 nach Primärtransduktion *in vitro*

Infolge der Primärtransduktion von A549 Zellen mit FAD-11 konnten durch den IL-1Ra-Gentransfer wirksame protektive Effekte gegenüber IL-1β erzielt werden. Eine ausführliche Beschreibung des experimentellen Systems findet sich im oberen Textabschnitt (4.1.11). Dargestellt sind die Mittelwerte mit Standardabweichung von jeweils zwei Messungen. ((+) DOX) Inkubation mit 1µg/ml Doxycyclin; ((-) DOX) Inkubation ohne Doxycyclin; (hIL-1Ra) IL-1Ra, Mensch; (n.d.) nicht detektierbar; (MOCK) Negativkontrolle.

Ergebnisse

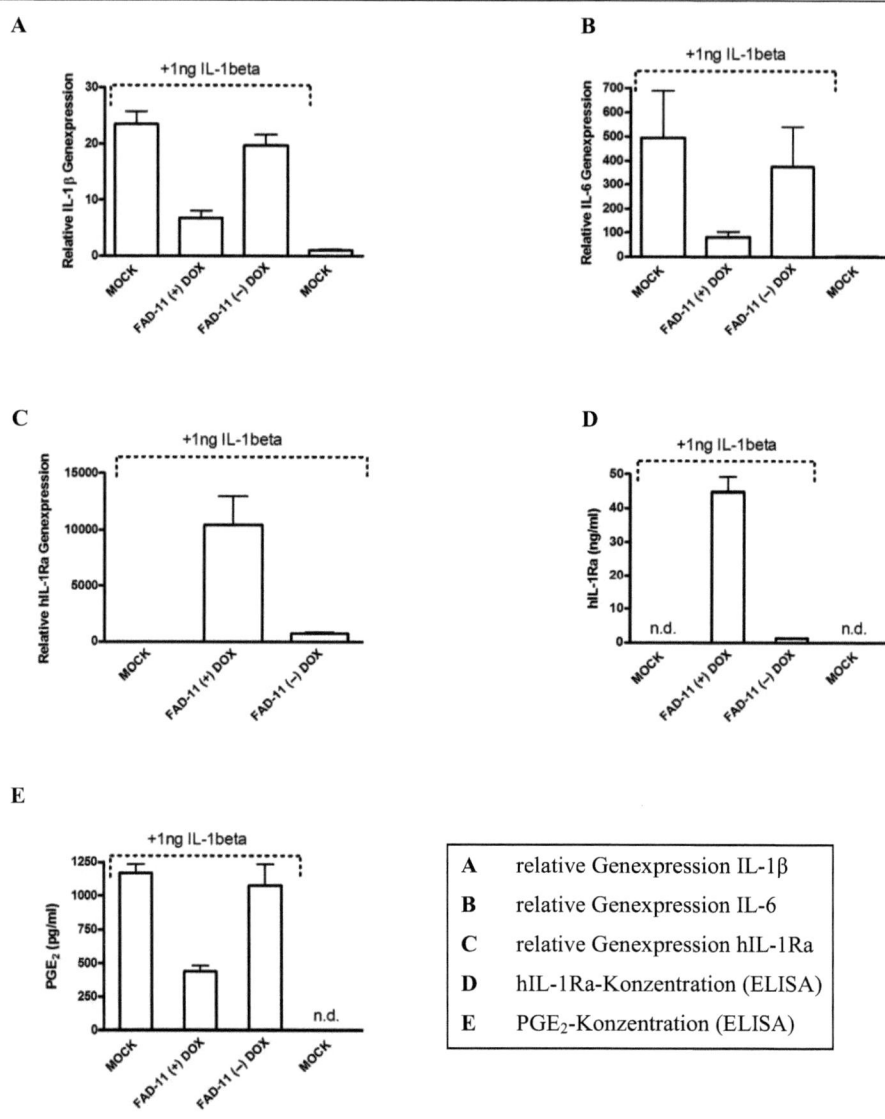

Abb. 31: **Biologische Wirksamkeit des Vektorsystems FAD-11 nach Sekundärtransduktion *in vitro***

Durch den Transfer zellfreier PFV-haltiger Überstände aus der Primärtransduktion konnten A549 Zellen wirksam vor der proinflammatorischen Wirkung von supplementiertem IL-1β geschützt werden. Die detaillierte Erklärung des Experimentes ist im Text (4.1.11) ausgeführt. Dargestellt sind die Mittelwerte mit Standardabweichung von jeweils zwei Messungen. ((+) DOX) Überstand aus Doxycyclin induzierter Primärtransduktion; ((-) DOX) Überstand aus nicht-Doxycyclin induzierter Primärtransduktion; (hIL-1Ra) IL-1Ra, Mensch; (n.d.) nicht detektierbar; (MOCK) Negativkontrolle.

Die Daten belegten, dass sich mit einem FAD-11 vermittelten Gentransfer von IL-1Ra unter den gewählten experimentellen Bedingungen *in vitro* ein effektiver antiinflammatorischer Schutz vor IL-1β in den Primär- und Sekundärtransduktionen erzielen lies. Das von den FAD-11 transduzierten A549 Primärkulturen sekretierte IL-1Ra-Protein, das in Konzentrationen von 221,5 ± 20,5ng/ml (Doxycyclin-induziert) bzw. 194 ± 42ng/ml (nicht-Doxycyclin-induziert) in den konditionierten Zellkulturmedien vorlag, konnte das supplementierte IL-1β wirksam antagonisieren. Die IL-1β-bedingte Genaktivierung von IL-1β und IL-6 war in diesen Zellen deutlich schwächer ausgeprägt als in den IL-1β-behandelten Kontrollzellen. Im direkten Vergleich zu IL-1β-unbehandelten A549 Zellen waren die inflammatorischen Marker in den transgenen Zellen nur leicht erhöht. Ferner konnte bei FAD-transduzierten Zellen kein PGE_2 im Überstand festgestellt werden.

Die Ergebnisse der Sekundärtransduktion zeigten in Abhängigkeit von der Herkunft der transferierten Überstände ein differenzierteres Bild. Stammten die Überstände von Doxycyclin-induzierten Primärkulturen, konnten die pathophysiologischen Wirkungen von IL-1β im direkten Vergleich zu Kontrollzellen erkennbar inhibiert werden. So wurde die relative Genexpression von IL-1β durch den von den transgenen Zellen sekretierten IL-1Ra (44,8 ± 6,3 ng/ml) um ungefähr das 4-fache vermindert, lag aber immer noch annähernd siebenmal höher als bei den IL-1β-unbehandelten Kontrollzellen.

Ein gänzlich anderes Bild konnte bei den sekundärtransduzierten A549 Zellen beobachtet werden, die mit zellfreien Überständen von nicht-Doxycyclin-induzierten Primärkulturen transduziert wurden. Bei diesen Proben fand kein nachhaltiger PFV-vermittelter IL-1Ra-Gentransfer statt, wie die qRT-PCR Messwerte der IL-1Ra-Expression und die IL-1Ra-ELISA-Messungen zeigten. Das von diesen Zellen ins Zellkulturmedium abgegebene IL-1Ra-Protein (1,36 ± 0,13 ng/ml) vermochte IL-1β nicht hinreichend zu inhibieren. Alle untersuchten inflammatorischen Marker lagen bei diesen Zellen unter Einfluß von IL-1β auf dem gleichen hohen Niveau wie die IL-1β-behandelten Kontrollzellen.

Abschließend konnte mit diesen Experimenten der Beweis erbracht werden, dass das exprimierte transgene hIL-1Ra-Protein demnach tatsächlich biologisch aktiv war, die intrazelluläre Proteinfaltung und Prozessierung folglich korrekt stattgefunden hat.

4.1.12 Einfluss von IL-1β auf die SFFV-U3-Promotoraktivität

Wurden A549 Zellen mit FAD-Vektoren transduziert, deren Transgene unter der Regulation des SFFV-U3-Promotors standen (FAD-2, FAD-10 und FAD-11), so konnte stets eine leicht erhöhte Transgenexpression unter IL-1β-Behandlung gefunden werden.

Für die Validierung dieser zufälligen Beobachtung wurden in einer 24-Loch-Kulturschale 25.000 A549 Zellen in 0,5ml DMEM-Ham's F12 pro Kavität ausgesät. Die Zellen wurden am nächsten Tag mit dem hIL-1Ra-exprimierenden Vektor FAD-11 mit MOI 250 für 3h transduziert, anschließend zweimal mit PBS gewaschen, 0,5ml frisches Zellkulturmedium ergänzt und für weitere 24h in Kultur gehalten. Einen Tag nach der Transduktion wurden fünf Kavitäten mit 1ng IL-1β stimuliert, fünf Kavitäten blieben unbehandelt. Zusätzlich wurden zwei von vier parallel ausgesäten Negativkontrollen ebenfalls mit IL-1β inkubiert. An den darauffolgenden drei Tagen wurden jeweils 120µl Zellkulturmedium abgenommen und die hIL-1Ra-Konzentrationen mit dem hIL-1Ra-ELISA (R&D Systems) gemessen (Abb. 32). Der eingesetzte ELISA wies keine Kreuzreaktivität zu menschlichem IL-1β auf (R&D Systems) - die Negativkontrollen zeigten keinen hIL-1Ra an.

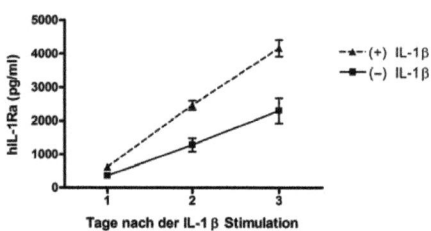 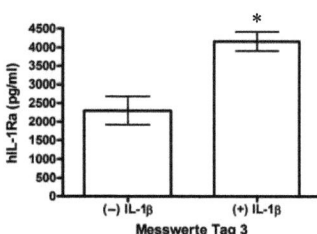

Abb. 32: Einfluss von IL-1β auf die Aktivität des SFFV-U3-Promotors

Der SFFV-U3-Promotor wurde in Gegenwart von IL-1β stärker aktiviert. FAD-11 transduzierte A549 Zellen sezernierten in Anwesenheit (+) von 1ng IL-1β pro betrachteter Zeiteinheit deutlich mehr hIL-1Ra (Tag 3: 4163 ± 250 pg/ml) als vergleichbare Kontrollzellen (Tag 3: 2301 ± 380 pg/ml). Nach drei Tagen konnten signifikant höhere IL-1Ra-Konzentrationen in IL-1β-behandelten Ansätzen gemessen werden. n=5, t-Test: P=0.025, *. Im hIL-1Ra-ELISA waren IL-1β-behandelte und -unbehandelte Kontrollzellen am dritten Tag hIL-1Ra negativ (Daten graphisch nicht gezeigt).

In einem vergleichbar durchgeführten Experiment wurden die relativen Genexpressionen von hIL-1Ra und der proinflammatorischen Marker IL-1β und IL-6 in FAD-11 transduzierten Zellen quantifiziert. Durch die akquirierten Daten der qRT-PCR konnten die ELISA-Ergebnisse bestätigt werden. Das kalkulierte hIL-1Ra-Genexpressionsniveau IL-1β-stimulierter A549 Zellen (relative Genexpression: 2,26 ± 0,111) wurde im Vergleich zu nicht-stimulierten Zellen (relative Genexpression: 1,0 ± 0,049) um mehr als das Doppelte erhöht (Abb. 33).

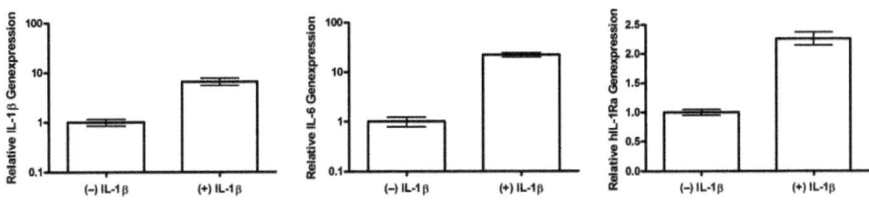

Abb. 33:   **Einfluss von IL-1β auf die Aktivität des SFFV-U3-Promotors, qRT-PCR**

Der SFFV-U3-Promotor wurde in Gegenwart von IL-1β stärker aktiviert. FAD-11 transduzierte A549 Zellen exprimierten in Anwesenheit (+) von 1ng IL-1β mehr hIL-1Ra als vergleichbare Kontrollzellen (rechtes Balkendiagramm). Parallel dazu wurden erhöhte Genexpressionen von IL-1β und IL-6 gemessen (linkes und mittleres Balkendiagramm). Analysiert wurden jeweils zwei Proben. Es wurden die mittleren relativen Genexpression mit Standardabweichungen graphisch dargestellt.

In einem dritten Experiment wurden A549 Zellen mit dem eGFP-exprimierenden Vektor FAD-2 transduziert und in An- oder Abwesenheit von 1ng IL-1β für 96h kultiviert. Die durchflusscytometrische Analyse ergab auch hier eine deutlich erhöhte eGFP-Expression der Zellen infolge des supplementierten IL-1β. Die mittlere Fluoreszenzintensität lag dabei im Durchschnitt um 44% höher (Daten nicht gezeigt).

Zusammenfassend zeigten die Experimente, dass die Genexpressionsrate vom SFFV-U3-Promotor durch Stimulation mit IL-1β höchstwahrscheinlich um bis zu 100% gesteigert werden kann. Dabei wies eine *in silico* Analyse der SFFV-U3-Basensequenz auf vier putative NF-κB Bindestellen (Konsensussequenz: GGGRNNYYCC) in der 370bp-umfassenden Promotorregion hin, was einen unmittelbaren Hinweis auf die erhöhte Promotoraktivität unter IL-1β liefern könnte (http://www.phylofoot.org/consite).

Ergebnisse

4.1.13 Suszeptibilität verschiedener Zelllinien für FAD-Vektoren

Der mögliche Erfolg gentherapeutischer Modelle wird ganz wesentlich von der Empfänglichkeit der Zielzellen für den eingesetzten viralen Vektor bestimmt. Eine effiziente und spezifische Aufnahme der applizierten viralen Vektoren vom Zielgewebe kann dabei das Risiko toxischer Nebeneffekte maßgeblich beeinflussen. Toxische Nebeneffekte können beispielsweise infolge einer unerwünschten Transduktion von Nicht-Zielgeweben oder durch die Entstehung pathologischer Immunantworten aufgrund inadäquater Vektordosen auftreten (Thomas et al. 2003; Verma und Weitzman 2005).

Um die Permissivität diverser Zelllinien für FAD-Vektoren experimentell zu evaluieren, wurden jeweils 1×10^5 Zellen ausgesät. Analysiert wurde die Permissivität der humanen Zelllinien A549, HeLa, HEK-293T, HepG2, HT1080 und die humane mesenchymale Stammzelllinie hMSC-TERT4. Ferner wurden die Hamster-Ovarialzelllinie CHO-K1 und die Hamster-Nierenfibroblastenzelllinie BHK-21 in die Untersuchung mit einbezogen. Außerdem wurde die Suszeptibilität von primären Synovialzellen der Ratte für FAD-Vektoren analysiert. Die ausgesäten Zellen wurden mit dem eGFP-exprimierenden Vektor FAD-9 mit MOI 50 für drei Stunden transduziert und anschließend zweimal mit PBS gewaschen, um ungebundene Vektorpartikel zu entfernen. Wegen der defekten induzierbaren PFV-Expression vom FAD-9 Rückgrat konnte eine Verfälschung der Gentransfer-Raten durch freigesetzte PFV-Partikel ausgeschlossen werden. Die Zellen wurden 48h nach der Transduktion durchflusscytometrisch auf ihre eGFP-Expression analysiert. Der prozentuale Anteil eGFP-positiver Zellen aus der Gesamtpopulation korrelierte dabei mit der Suszeptibilität des analysierten Zelltyps. Es zeigte sich, dass die FAD-Vektoren alle Zelllinien erfolgreich transduzieren konnten, die individuelle Empfänglichkeit jedoch sehr variabel ausfiel. Außerordentlich hohe Transduktionsraten konnten bei den Zelllinien A549 (74,04 ± 4,91% eGFP$^+$-Zellen) und HEK-293T (55,43 ± 2,63% eGFP$^+$-Zellen) beobachtet werden. Im Gegensatz dazu war die Permissivität der humanen mesenchymalen Stammzelllinie hMSC-TERT4 (3,5 ± 0,79% eGFP$^+$-Zellen) und der Synovialzellen der Ratte (8,49 ± 0,27% eGFP$^+$-Zellen) für die applizierten FAD-Vektoren nur gering ausgeprägt (Abb. 34A).

Die gewonnenen Transduktionsergebnisse konnten mit einem qRT-PCR-Experiment, in dem die relative mRNA-Expression des sogenannten Coxsackie-Adenovirus-Rezeptors (CAR) bei humanen Zelllinien bestimmt wurde, untermauert werden. Der CAR nimmt eine Schlüsselrolle bei der Adsorption der humanpathogenen Adenoviren der Subgenera A, C, D, E und F an der Zelloberfläche ein (Roelvink et al. 1998; Shenk 2001).

Für die relative Quantifizierung der CAR-Expression wurde die Gesamt-RNA aus den humanen Zelllinien A549, HeLa, HEK-293T, HepG2, HT1080 und hMSC-TERT4 isoliert und die qRT-PCR mit einem CAR-spezifischen QuantiTect-Primerpaar (Qiagen) im Duplikat durchgeführt. Für die Normalisierung der CAR-Expression wurden gleichzeitig die Genexpressionen von Beta-Aktin und GAPDH ermittelt. Die geringste CAR-mRNA-Expression wurde für hMSC-TERT4 Zellen (mittlerer C_T-Wert ~ 31,65) gemessen, alle anderen Zelllinien zeigten mittlere C_T-Werte, die mindestens 8 Zyklen niedriger lagen (HT1080: mittlerer C_T-Wert ~ 23,15). Die C_T-Werte der Haushaltsgene aller Zelllinien lagen dabei maximal 3 Zyklen auseinander. Daraus errechnete sich eine mittlere relative CAR-Expression, die für hMSC-TERT4 = 1 betrug und für HT1080 Zellen um den Faktor 304 höher lag (Abb. 34B).

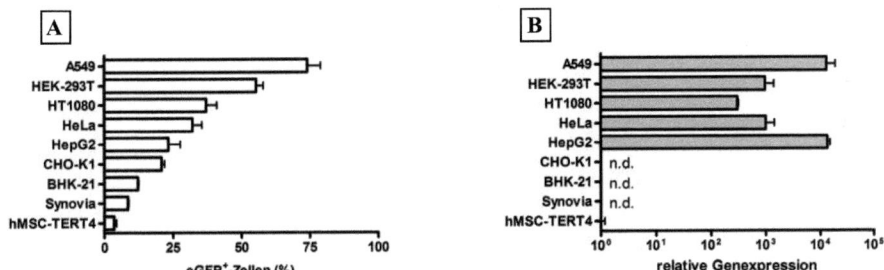

Abb. 34: **Transduktionspotential der FAD-Vektoren für verschiedene Zellen und relative mRNA-Expression des humanen CAR**

Die Zellen wurden bei einer MOI von 50 mit FAD-9 transduziert und der prozentuale Anteil eGFP-positiver Zellen nach 48h durchflusscytometrisch analysiert. Die Messungen erfolgten im Triplikat; im Durchflusscytometer wurden jeweils 20.000 Zellen auf eGFP-Expression untersucht (34A). Zur relativen Quantifizierung der CAR-Expression wurde die Gesamt-RNA der Zellen isoliert und revers transkribiert. Jeweils 1µl cDNA-Template wurden in der qRT-PCR zur Amplifikation von CAR, Beta-Aktin und GAPDH eingesetzt. Zur Berechnung der relativen Genexpression wurde der $\Delta\Delta C_T$-Algorithmus benutzt. Die CAR-Expression humaner mesenchymaler Stammzellen war sehr schwach (34B). (n.d.) nicht bestimmt.

In einem parallel dazu durchgeführten qRT-PCR-Experiment wurden in verschiedenen Geweben der Ratte die Genexpressionslevel des spezifischen Ratten-CAR bestimmt. Die niedrigste relative Expression wurde bei Synovialzellen ermittelt. Im direkten Vergleich lag die relative mRNA-Menge von CAR im Lungengewebe der Tiere um den Faktor 104 höher (Abb. 35). Da Adenoviren vom Serotyp 5, deren Capside denen der FAD-Vektoren entsprechen, epidemiologisch vor allem Infektionen des Respirationstraktes verursachen, bestätigten diese Resultate den natürlichen Tropismus für Alveolarepithelgewebe (Horwitz 2001; Shenk 2001).

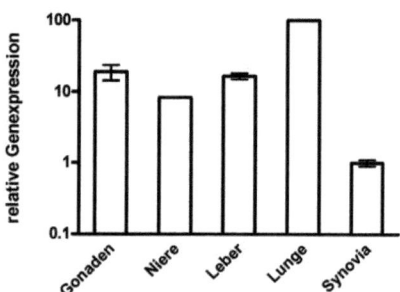

Abb. 35: Relative Genexpression des CAR in Geweben der Ratte

Der direkte Vergleich der relativen Genexpressionen des CAR zeigte erhebliche Differenzen zwischen den verschiedenen Geweben auf. Analysiert wurden die homogenisierten Organe einer männlichen Wistar-Ratte.

Die Versuche ergaben, dass FAD-Vektoren zwar einerseits erfolgreich ein breites Spektrum unterschiedlicher Zelltypen transduzieren konnten, ihr Tropismus jedoch stark mit der CAR-Expression korrelierte.

4.2 Tierexperimentelle Untersuchungen

4.2.1 Intraartikuläre Applikation von FAD-2 Vektoren *in vivo*

Das Gentransferpotential der *in vitro* erfolgreich charakterisierten FAD-Vektoren wurde im Tiermodell getestet. Zur Standardisierung des Versuchsvorhabens wurden gesunde immunkompetente männliche Wistar-Ratten mit einem Gewicht von 150-200g und 12-20 Wochen alte gesunde immundefiziente RNU-Nacktratten verwendet. Die Tiere wurden in Typ IV Standardkäfigen artgerecht gehalten, Futter und Wasser standen *ad libitum* zur Verfügung. Die FAD-Vektoren wurden bei einer definierten Dosis von bis zu 1×10^8 infektiösen Partikeln (iu) in einem Gesamtvolumen von 50µl steril filtriertem PBS resuspendiert. Unter Narkose wurden den Tieren die Vektorsuspensionen mit 30G Insulinspritzen direkt in die Kniegelenkshöhlen injiziert. Die Doxycyclin-abhängige Induktion des Tet-Promotors sollte mit der Zugabe von Doxycyclin zum Trinkwasser bei einer Endkonzentration von 200µg/ml erreicht werden. Zur Steigerung der Akzeptanz des Doxycyclins wurde das Wasser zusätzlich mit 5% Saccharose supplementiert. Das Trinkwasser wurde jeden dritten Tag bis zum Versuchsende gewechselt (Kistner et al. 1996).

Allgemein konnte festgestellt werden, dass die applizierten Vektoren sowohl von den immunkompetenten Wistar-Ratten, als auch den immundefizienten Nacktratten gut vertragen wurden. Offensichtliche Mobilitätsstörungen infolge der Operation oder immunologische Reaktionen der Tiere waren nicht erkennbar.

Zur Evaluierung des Gentransferpotentials wurden initial Experimente mit dem eGFP-exprimierenden Vektor FAD-2 durchgeführt. An insgesamt vier Operationstagen wurden den Versuchstieren jeweils 1×10^7 iu FAD-2 in beide Kniegelenke appliziert. Es wurden hierbei vier Nacktratten (drei weibliche Tiere, ein männliches Tier) sowie vier männliche Wistar-Ratten verbraucht und die Tiere zwei, fünf oder sieben Tage nach den Operationen getötet. Aus den Kniegelenken wurden die Synovialzellen isoliert (3.3.2), wobei die Zellausbeuten individuell sehr starken Schwankungen unterlagen. Bei zwei Versuchstieren konnten fluoreszenzmikroskopisch wenige eGFP-positive Synovialzellen (<< 5%) detektiert werden (Abb. 36). Die Effizenz der Synovialpräparationen dieser zwei Tiere war im Vergleich zu anderen Synovialpräparationen besonders hoch und es hatten sich sehr viele Synovialzellen am Boden der Zellkulturflaschen angesiedelt.

Ergebnisse

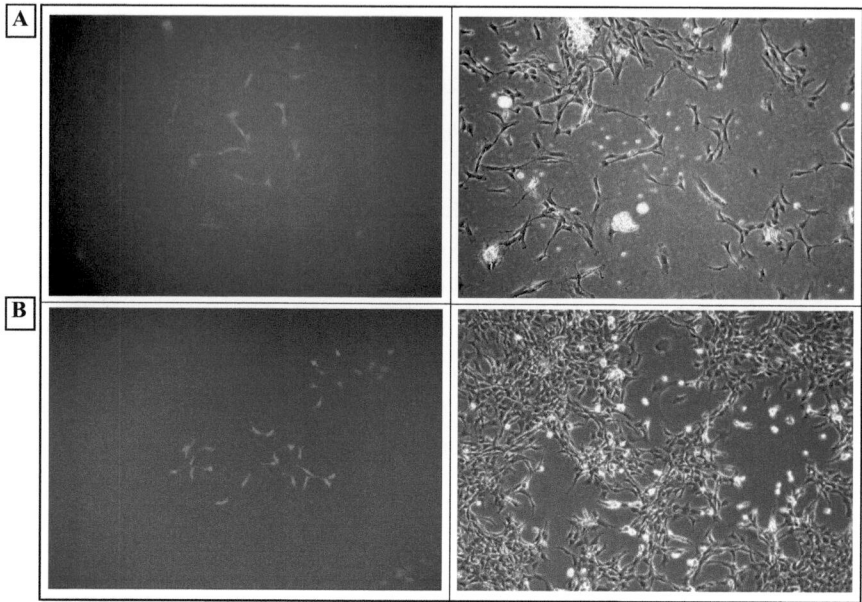

Abb. 36: Fluoreszenzmikroskopischer Nachweis eGFP⁺-Synovialzellen nach FAD-2 Applikation

FAD-Vektoren können Synovialzellen *in vivo* erfolgreich transduzieren. Männlichen Wistar-Ratten wurden 1x10^7 iu FAD-2 intraartikulär appliziert und nach zwei Tagen (36A) und fünf Tagen (36B) die Kniegelenke entnommen. Transgene Zellen konnten detektiert werden, die Transduktionsrate erwies sich hingegen als gering (<< 5% eGFP-positive Zellen). Helligkeit und Kontrast der Fluoreszenzaufnahmen wurden mit der Bildanalysesoftware GIMP 2.6.10 nachträglich erhöht.

4.2.2 Intraartikuläre Applikation von FAD-11 Vektoren *in vivo*

Zur Verifizierung der FAD-2 Ergebnisse (4.2.1) und um die biologische Relevanz des FAD-vermittelten intraartikulären Gentransfers quantitativ beschreiben zu können, wurde in den nachfolgenden Experimenten das hIL-1Ra-exprimierende Vektorsystem FAD-11 verwendet. Dabei wurden explantierte Kniegelenke der FAD-11 behandelten Versuchstiere in 24-Loch-Kulturplatten überführt und mit 1ml Zellkulturmedium überschichtet. Nach 24h wurden die konditionierten Überstände abgenommen und mit dem hIL-1Ra-ELISA analysiert (3.3.3). Die Menge des von den transgenen Zellen innerhalb von 24h sezernierten humanen Interleukin-1 Rezeptorantagonisten ermöglichte es, dass Potential der Vektoren für gentherapeutische *in vivo* Applikationen präzise einzuschätzen.

Bei den Experimenten mit FAD-11 wurden vier männliche Wistar-Ratten und fünf Nacktratten (ein weibliches und vier männliche Tiere) verbraucht. Die Versuchstiere wurden drei und fünf Tage nach den Operationen getötet und die Kniegelenke explantiert. Zur Untersuchung der Biodistribution des Transgens und der Vektoren wurden aus den Wistar-Ratten außerdem Gewebeproben der Leber und der Lunge entnommen. Ferner wurden den Wistar-Ratten Herz, Gonaden und die Milz entfernt und vor der Entnahme des Herzens Blutproben durch Aufschneiden des Myokards gesammelt. Die Gewebeproben wurden mit einem Skalpell zerkleinert, circa 100mg in 24-Loch-Kulturplatten überführt und zur Gewinnung konditionierter Überstände mit 1ml Zellkulturmedium überschichtet.

Den vier Wistar-Ratten wurden jeweils 1×10^8 FAD-11 Vektoren pro Kniegelenk injiziert und die Tiere drei oder fünf Tage nach der Operation getötet. Zwei von vier Tieren erhielten kein Doxycyclin, wobei jeweils eines dieser Tiere pro Zeitpunkt getötet wurde. Den Nacktratten wurden Vektordosen von 5×10^6, 1×10^7, $2,5 \times 10^7$, 5×10^7 oder 1×10^8 iu pro Kniegelenk appliziert und die Tiere fünf Tage nach der Operation getötet.

Bei den fünf Nacktratten sowie naiven Kontrolltieren konnte mit dem hIL-1Ra-ELISA kein sezernierter hIL-1Ra in den Kniegelenksüberständen nachgewiesen werden. Demgegenüber konnte sekretierter hIL-1Ra bei den Kniegelenksexplantaten der Wistar-Ratten drei und fünf Tage nach der Vektorapplikation gefunden werden (Abb. 37A und Tab.7). Die parallel dazu analysierten Gewebeproben zeigten nur bei Leberbiopsien, die von Wistar-Ratten drei Tage nach der Operation gewonnen wurden, deutlich höhere Messwerte (508 ± 65 pg/ml) im Vergleich zu einem Kontrolltier ($57 \pm 8,5$ pg/ml) an.

Ergebnisse

Bei den Lebergeweben, die fünf Tage nach der Operation aus den Wistar-Ratten entnommen wurden, lagen die Messwerte bei 59 pg/ml und damit auf dem Niveau des Kontrolltieres. Alle anderen Gewebeproben zeigten minimale, unspezifische hIL-1Ra-Konzentrationen an (Abb. 37B).

Tab. 7: hIL-1Ra aus konditionierten Überständen nach intraartikulärer FAD-11 Applikation in Wistar-Ratten (1×10^8 iu)

Tage nach der FAD-11 Vektorapplikation	PFV-Induktion	hIL-1Ra Mittelwert	hIL-1Ra Standardabweichung
Tag 3	(+) Doxycyclin	10,3 ng/ml	4,7 ng/ml
Tag 3	(−) Doxycyclin	9 ng/ml	1,4 ng/ml
Tag 5	(+) Doxycyclin	18,9 ng/ml	16,1 ng/ml
Tag 5	(−) Doxycyclin	5,3 ng/ml	7,5 ng/ml

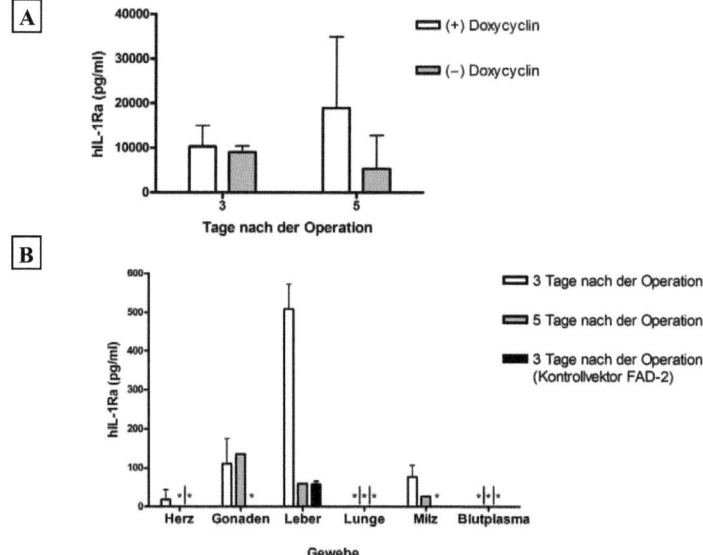

Abb. 37: hIL-1Ra Messwerte aus konditionierten Überständen nach intraartikulärer Applikation von FAD-11 in Wistar-Ratten (1×10^8 iu)

FAD-11 Vektoren (1×10^8 iu) wurden männlichen immunkompetenten Wistar-Ratten intraartikulär appliziert und die Versuchstiere in Gegenwart oder Abwesenheit von 200µg/ml Doxycyclin im Trinkwasser paarweise gehalten. Kniegelenke (37A) und Organe (37B) der Tiere wurden drei und fünf Tage nach der Operation explantiert und für 24h in 1ml DMEM/Ham´s F-12 Medium in Kultur genommen. Die Balkendiagramme stellen die Mittelwerte und Standardabweichungen der ELISA-Messungen dar. (*) nicht detektierbar.

5. Diskussion

Die rheumatoide Arthritis (RA) ist eine chronische, progressive und systemische Autoimmunerkrankung, in deren Zentrum das dauerhaft entzündete Synovialgewebe der Gelenke steht. Im Laufe der Erkrankung kommt es zu irreversiblen Deformationen und damit einhergehenden nachhaltigen Funktionalitätsverlusten der betroffenen Gelenke durch eine Vielzahl Knochen- und Knorpel-destruierender Prozesse. Obwohl die Ätiologie der RA trotz intensiver Forschungen bisher noch unbekannt geblieben ist, konnten die experimentellen Arbeiten der letzten Jahre viele Aspekte der komplexen Pathogenese aufklären. Als Hauptcharakteristikum der entzündlichen Gelenkdestruktion wurde dabei die exzessive Synthese proinflammatorischer Cytokine identifiziert, wobei insbesondere IL-1β und dessen pleiotrope pathologische Effekte eine herausragende und tragende Rolle bei der Ausprägung der klinischen Manifestationen zugesprochen wird (siehe Schema Abb. 9). Die Aktivität von IL-1β kann durch kompetitive Blockade des IL-1 Rezeptors Typ I (IL-1RI) mit dem natürlich vorkommenden, antiinflammatorischen IL-1Ra-Protein spezifisch inhibiert werden. Der Cytokin-blockierende Therapieansatz mit Anakinra, einem rekombinant hergestellten, nicht-glykosylierten IL-1Ra, konnte die pharmakologischen Behandlungsmöglichkeiten der RA seit 2001 wesentlich erweitern. Gleichwohl erfordern die geringen Halbwertszeiten von IL-1Ra *in vivo* regelmäßige subkutane Injektionen, um hinreichende therapeutische Wirkstoffspiegel im Patienten aufrecht zu erhalten (Abramson und Amin 2002; Moritz et al. 2006; Evans et al. 2009).

Vor diesem Hintergrund bieten somatische Gentherapiekonzepte eine vielversprechende Ergänzung zu den konventionellen medikamentösen, physiotherapeutischen oder operativen Behandlungsstrategien bei der RA-Therapie. Ein IL-1Ra-Gentransfer ins Gelenk soll die persistierende, lokale, endogene Synthese des therapeutischen antiinflammatorischen IL-1Ra-Proteins ermöglichen und lässt in dieser Hinsicht eine effektive und nachhaltige Verbesserung der klinischen Symptomatik erwarten. Desweiteren gibt es Hinweise, dass endogen produzierter, nativer IL-1Ra eine höhere biologische Aktivität aufweist, als das parenteral applizierte Biological Anakinra (Gouze et al. 2003). Der signifikante therapeutische Nutzen eines IL-1Ra-Gentransfers in die Gelenke von Kaninchen, Ratten oder Mäusen mit experimentell induzierter Arthritis und darüber hinaus in klinischen Phase I Studien am Patienten wurde bereits mehrfach gezeigt. Hierbei bieten sich zwei unterschiedliche praktische Ansätze für den intraartikulären Gentransfer an, die als *ex vivo* und *in vivo* Strategien definiert werden (Abb. 10). Die *ex vivo* Strategien, bei denen Synovialzellen aus dem Gelenk explantiert, *in vitro* expandiert und nach einer Virusvektor-vermittelten Übertragung des Transgens reimplantiert werden, haben dabei diverse Vorteile, aber auch Nachteile erkennen

Diskussion

lassen. Positiv ist vor allem die Möglichkeit, die Syntheseaktivität der transgenen autologen Zellen vor der Reimplantation zu testen und deren Zahl im Rahmen der Reimplantation exakt einzustellen. Darüber hinaus müssen bei den *ex vivo* Ansätzen keine infektiösen Agenzien direkt appliziert werden - folglich entfällt das Risiko unspezifischer systemischer Zelltransduktionen. Als Haupteinschränkung ist die teure und zeitaufwendige *in vitro* Zellkultivierung sowie die Notwendigkeit des zweimaligen operativen Eingriffs zu sehen. Außerdem besteht bei den häufig eingesetzten Gammaretrovirus-basierenden Vektoren ein außerordentlich hohes Risiko der insertionalen Mutagenese, was eine breite klinische Nutzung von *ex vivo* Gentransferstrategien mit den gegenwärtig verfügbaren Vektoren auf absehbare Zeit zweifellos limitieren wird (Robbins et al. 2003; Evans et al. 2006 und 2009).

Aus diesem Grund werden die direkten *in vivo* Strategien mit viralen Vektoren als die geeigneteren Alternativen für die Klinik diskutiert. Die gentherapeutischen Vektoren werden hierbei durch direkte intraartikuläre Injektionen appliziert und transduzieren die Zielzellen *in situ*. Vor dem Hintergrund des chronisch entzündeten Gelenks lassen solche minimalinvasiven Applikationsformen, bei denen zusätzliche inflammatorische Stimuli weitgehend vermieden werden, auch eine höhere Akzeptanz beim Patienten erwarten. In der Vergangenheit wurden mit der *in vivo* Strategie bereits rekombinante adenovirale Vektoren der ersten Generation, lentivirale Vektoren (LV), AAV-basierende Vektoren und HSV-1 Vektoren hinsichtlich der Wirksamkeit und Dauer der IL-1Ra-Transgenexpression in präklinischen Tierversuchen evaluiert. Als Hauptbarriere für eine stabile Transgenexpression konnten dabei vor allem die Immunantworten gegen nicht-homologe Proteine (xenogener IL-1Ra und native virale Proteine) identifiziert werden (Gouze et al. 2007). Unterstützt wurden diese Befunde durch Experimente an immunkompromittierten Tieren, die zeigten, dass langfristige Transgenexpressionen im Synovium theoretisch möglich sind. Um eine dauerhafte Korrektur des krankhaften Phänotyps zu erreichen, müssen Vektorsysteme eingesetzt werden, die episomal stabil im Zellkern verbleiben können oder ins Zellgenom integrieren und auf diese Weise eine persistierende Synthese des antiinflammatorischen IL-1Ra gestatten. Weil die intranukleäre Stabilität und Replikation episomal vorliegender Vektorgenome in teilungsaktiven Geweben aber bisher noch nicht befriedigend gelöst werden konnte (Müther et al. 2009) und in Hinblick auf die Proliferation der RA-Synovialzellen *in vivo* von einem raschen Genomverlust auszugehen ist, werden dauerhafte antiarthritische Effekte beim Patienten nur mit stabil-integrierenden Vektoren zu erreichen sein. VSV-G pseudotypisierte LV-Vektoren können diesbezüglich Synovialzellen unabhängig vom Zellzyklus stabil transduzieren und zeigten im Rattentiermodell hohe IL-1Ra-Expressionsraten (Gouze et al. 2002 und 2003). Dennoch scheint ihre breite klinische Anwendung,

Diskussion

zum einen durch die Gefahr einer malignen Transformation infolge der unspezifischen chromosomalen Integration und zum anderen durch die Stigmatisierung als „AIDS-Virus" sowie den daraus resultierenden psychologischen Barrieren beim Patienten, fraglich (Verma und Weitzman 2005; Porteus et al. 2006). Diesen sicherheitsrelevanten Beschränkungen sind foamyvirale Vektoren (FV) nicht unterworfen. Sie weisen ein vorteilhafteres Integrationsmuster als LV-Vektoren auf, was onkogene Risiken minimiert. FV gelten als apathogen und sind zudem in der Lage über die intrazelluläre Retrotransposition, ohne die Bildung extrazellulärer FV-Partikel, Zielzellen stabil zu transduzieren, was einen zusätzlichen Sicherheitsgewinn in der klinischen Anwendung bedeutet. Der gegenwärtigen Generation von FV-Vektoren ist es jedoch nicht möglich, ausdifferenzierte postmitotische Zellen effizient zu transduzieren. Um eine regulierte PFV-Morphogenese und Partikelfreisetzung *in situ* zu ermöglichen, wurde eine komplette PFV-Vektorkassette in das Rückgrat eines adenoviralen Drittgenerationsvektors (HC-AdV) vom Serotyp 5 kloniert. Die rekombinanten Foamyvirus-Adenovirus-Hybridvektoren (FAD) dieser Arbeit sollten die effizienten adenoviralen Transduktionsmechanismen mit dem Potential der foamyviralen somatischen Integration für einen direkten *in vivo* Gentransfer kombinieren. Präklinische RA-Studien mit adenoviralen Drittgenerationsvektoren, die aufgrund der vollständigen Deletion aller viralen Gene eine, im Vergleich zu Erst- und Zweitgenerationsvektoren, stark verminderte Immunogenität aufweisen, wurden bis zum gegenwärtigen Zeitpunkt noch nicht publiziert.

Im Rahmen dieser Arbeit wurden verschiedene gentherapeutische FAD-Vektoren für die Expression der IL-1Rezeptorantagonisten von Ratte und Mensch (rIL-1Ra bzw. hIL-1Ra) unter der Regulation des SFFV-U3- bzw. eEF-1α-Promotors kloniert und die Funktionalität der Konstrukte *in vitro* und *in vivo* charakterisiert. Ein parallel dazu entwickelter FAD-Hybridvektor mit einer eEF-1α-regulierten eGFP-Kassette sollte als Reporterkonstrukt dienen (Abb. 15B). FAD-Vektoren konnten mit konventionellen HC-AdV vergleichbaren Titern von circa 10^{10} iu/ml hergestellt werden. Die regulierbare Expression der PFV-Vektorkassetten mittels Tetracyclin-induzierbarer Promotoren (Abb. 13B) erfüllt den für *in vivo* Applikationen häufig geforderten Anspruch, das Niveau der Transgenexpression durch einen exogenen Induktor beeinflussen zu können (Goverdhana et al. 2006). In initialen Western-Blot Experimenten konnte die Tetracyclin-abhängige PFV-Proteinexpression vom FAD-Rückgrat sowohl nach Transfektion von FAD-Plasmiden, als auch nach Transduktion mit viralen FAD-Vektoren (Abb. 17 und 18) erfolgreich gezeigt werden. Das exogen zugeführte Tetracyclinderivat Doxycyclin induzierte die Expression foamyviraler Proteine nach dem Tet-On-Prinzip (Gossen et al. 1995). Weiterhin deutete der direkte Vergleich mit dem etablierten MD09-Vektorsystem auf eine ordnungsgemäße Prozessierung der PFV-Proteine

Diskussion

hin. So konnten mit den Gag-spezifischen Antikörpern die charakteristischen foamyviralen pr71/p68^{Gag}-Doppelbanden gefunden werden. Der Nachweis des Pol-Vorläuferproteins (pr127^{Pol}) und der davon abstammenden Reversen Transkriptase (p85$^{RT/RN}$) sowie Integrase (p40^{IN}) zeigten die autokatalytische Aktivität der PFV-Proteaseuntereinheit an. PFV-Proteinbanden konnten im Western-Blot in geringem Maße auch bei nicht-induzierten Proben nachgewiesen werden und deuteten eine mäßige Basalaktivität der Tetracyclin-induzierbaren Promotoren an. Abweichend davon konnte bei Vektoren mit eEF-1α-regulierter Transgenkassette (FAD-9, FAD-12 und FAD-13) reproduzierbar keine funktionale Expression des Env-Vorläuferproteins (gp130^{Env}) im Western-Blot detektiert werden. Ferner exprimierten diese drei Vektoren PFV-Gag in deutlich geringerem Maße, als die Vektoren FAD-10 und FAD-11 mit SFFV-U3-regulierter Transgenkassette. Da sämtliche FAD-Vektoren auf einer einheitlichen Klonierungsstrategie basierten, wurden die beobachteten Suppressionseffekte auf die PFV-Genexpression sehr wahrscheinlich durch den stromabwärts gelegenen, starken eEF-1α-Promotor *in cis* verursacht. Über die zugrunde liegenden Ursachen dieser als transkriptionellen Interferenz beschriebenen Phänomene besteht derzeit noch keine völlige Klarheit (Eszterhas et al. 2002). Diskutiert werden unter anderem Positions- oder kompetitive Effekte, die durch die Aktivität einzelner starker Promotoren hervorgerufen werden und die Transkription benachbarter Gene negativ beeinflussen. So könnte die effizientere Rekrutierung basaler Transkriptionsfaktoren bzw. des RNA Polymerase II Holoenzymkomplexes am eEF-1α-Promotor prinzipiell eine limitierte transkriptionelle Initiation am Tetracyclin-induzierbaren Promotor zur Folge haben (kompetitive Effekte). In diesem Zusammenhang wäre es ebenso vorstellbar, dass die PFV-Genexpression aufgrund einer verminderten Zugänglichkeit der DNA-Matrize für die Transkriptionsmaschinerie am Tetracyclin-induzierbaren Promotor inhibiert wurde, was aus der präferentiellen eEF-1α-Promotor-regulierten Transgenexpression resultierte (sterische Hinderung bzw. Positionseffekte). Die dargestellten Inhibitionseffekte könnten ebenso die Transkription des stromabwärts gelegenen rtTA-Gens, unter der Kontrolle des hCMV immediate-early Promotors, negativ beeinflusst haben. Unterstützt wird diese These durch die komparative Analyse der Expressionsstärken der beiden heterologen Promotoren, bei der je nach Versuchsansatz eine durchschnittlich 6- bis 8-fach höhere Transgenexpression unter eEF-1α-Promotorkontrolle ermittelt wurde (Abb. 16).

Diskussion

Die Funktionalität und Kinetik der Doxycyclin-induzierbaren PFV-Partikelfreisetzung der gentherapeutischen FAD-Vektoren wurde in verschiedenen redundanten Experimenten *in vitro* überprüft. Zunächst wurde die Funktionsfähigkeit der PFV-Vektoranteile auf Plasmidbasis analysiert (Abb. 19). Dazu wurden die hIL-1Ra-exprimierenden Vektorplasmide FAD-11 bzw. FAD-13 sowie das eGFP-exprimierende Vektorplasmid FAD-9 in Zellen transfiziert und in An- oder Abwesenheit von Doxycyclin kultiviert. In Kontrollansätzen wurde das bereits etablierte FAD-2 Plasmid parallel mitgeführt. Die zellfreie Übertragung der Überstände von pFAD-transfizierten Zellen auf HT1080 Zielzellen zeigte nur bei pFAD-2 und pFAD-11 Ansätzen einen effizienten Gentransfer (GT). Ohne die Zugabe von Doxycyclin wurden dabei erheblich geringere GT-Raten, die jeweils um circa zwei $\log_{10}$-Stufen niedriger lagen, ermittelt. Gleichzeitig bestätigte sich die bereits im Western-Blot beobachtete basale Transkriptionsaktivität der Tetracyclin-induzierbaren Promotoren (vgl. Abb. 17 und 18). Demgegenüber war eine PFV-Partikelfreisetzung aus pFAD-9 und pFAD-13 transfizierten Zellen generell nicht nachweisbar. Die im nächsten Schritt durchgeführten Transduktionsexperimente mit infektiösen gentherapeutischen FAD-Vektoren untermauerten diese Resultate (Abb. 20 und Tab. 4). Ein sekundärer PFV-vermittelter Transduktionszyklus ließ sich nur bei FAD-Vektoren mit SFFV-U3-regulierter Transgenkassette (FAD-10 und FAD-11) feststellen. Dabei führte die Induktion der PFV-Expression mit Doxycyclin zu signifikant höheren GT-Raten bei den Sekundärtransduktionen. Im Gegensatz dazu konnten bei den Vektoren FAD-12 und FAD-13 grundsätzlich keine PFV-vermittelten Transgenexpressionen von rIL-1Ra bzw. hIL-1Ra im Sekundärzyklus gemessen werden. In den Folgeversuchen wurden die nicht-funktionalen Vektoren mit eEF-1α-regulierter Transgenkassette (FAD-12 und FAD-13), bei denen die induzierbare PFV-Expression vom FAD-Rückgrat nachweislich defekt war, nicht mehr eingesetzt.

Die Fähigkeit der FAD-Vektoren zum langfristigen stabilen GT wurde in Langzeit-Transduktionsanalysen überprüft (Abb. 21). Dafür wurden verschiedene Zelllinien mit dem hIL-1Ra-exprimierenden Vektor FAD-11 bzw. dem eGFP-Kontrollvektor FAD-2 transduziert und der Verlauf der Transgenexpression für bis zu 27 Tage analysiert. Die transduzierten Zellen wurden in regelmäßigen zeitlichen Abständen identisch passagiert. Bei vergleichbarer initialer Primärtransduktionsrate innerhalb einer jeweiligen Zelllinie wurden signifikant höhere Raten persistierenden Gentransfers in Gegenwart von Doxycyclin beobachtet. So konnten bei FAD-2 transduzierten A549 Zellen nach 27 Tagen bzw. 6 Zellpassagen unter Inkubation mit Doxycyclin 64,13 ± 5,18% eGFP$^+$-Zellen gemessen werden. Ohne Doxycyclin wurden zu diesem Zeitpunkt hingegen nur noch 2,93 ± 1,48% eGFP$^+$-Zellen mit dem Durchflusscytometer festgestellt

Diskussion

(Abb. 21A). Auch beim gentherapeutischen Vektor FAD-11 wurden stabile hIL-1Ra-Transgenexpressionen in Gegenwart von Doxycyclin über den Versuchszeitraum von 18 Tagen bzw. 5 Zellpassagen gemessen. So konnten für FAD-11 transduzierte A549 Zellen nach 5 Zellpassagen in Gegenwart von Doxycyclin hIL-1Ra-Konzentrationen von 23,5 ± 4,4ng/ml im konditionierten Überstand gemessen werden. Ohne Doxycyclin wurden zu diesem Zeitpunkt hingegen nur noch sehr geringe hIL-1Ra-Konzentrationen (0,5 ± 0,1ng/ml) im gewonnenen konditionierten Zellkulturüberstand festgestellt (Abb. 21B). Zwischen den einzelnen Zelllinien (A549 Zellen, Synovialzellen der Ratte sowie humane mesenchymale Stammzellen) wurden dabei erhebliche Unterschiede hinsichtlich der initialen Primärtransduktionsrate ermittelt, durch die sich beträchtliche Unterschiede im Niveau der Transgenexpressionen ergaben. Insgesamt zeigten jedoch alle untersuchten Zellkulturen eine funktionelle Induzierbarkeit der PFV-Vektorexpression durch Doxycyclin.

Der hohe Anteil langfristig eGFP- bzw. hIL-1Ra-transgener Zellen in Gegenwart von Doxycyclin wies auf reguläre retrovirale Integrationsereignisse hin. Für den experimentellen Nachweis wurden mit der qRT-PCR relative Quantifizierungen der intrazellulären FAD- und PFV-Vektorgenome aus Langzeit-Transduktionsexperimenten vorgenommen (Abb. 22). Hierfür wurde ein definierter Sequenzabschnitt aus PFV-*gag*, der sowohl in chromosomalen PFV-Integraten, als auch im FAD-Rückgrat nachweisbar ist und parallel dazu ein definierter Bereich vom reversen Tetracyclin Transaktivatorgen (*rtTA*), das nur im FAD-Rückgrat lokalisiert ist, amplifiziert (Abb. 22A). Wiederum wurden die FAD-transduzierten Zellen in regelmäßigen zeitlichen Abständen in gleichbleibenden Verhältnissen passagiert. Dadurch verminderte sich erwartungsgemäß die relative *rtTA*-Kopienzahl, die in Korrelation zur Zahl intrazellulärer FAD-Vektorgenome stand, im zeitlichen Verlauf. Die Reduktion erfolgte unabhängig vom Induktionsstatus der PFV-Vektorkassette. Im Gegensatz dazu wurde bei Doxycyclin-induzierten Zellen im Vergleich zu nichtinduzierten Zellen ein signifikanter Anstieg der relativen *gag*-Kopienzahl zwischen Tag 1 und 6 gemessen, der auf die induzierte PFV-Partikelfreisetzung zurückgeführt werden kann. Weiterhin wurde bei den Doxycyclin-induzierten Zellen eine Stabilisierung der relativen *gag*-Kopienzahlen nach der vierten Zellpassage festgestellt. Ab diesem Zeitpunkt waren die FAD-Vektoren unter den experimentellen Bedingungen ausverdünnt und die *gag*-Amplifikate resultierten wahrscheinlich nahezu ausschließlich von PFV-Integraten. Nach der sechsten Zellpassage bezifferte sich die Differenz der relativen *gag*-Kopienzahlen von Doxycyclin-behandelten und -nichtbehandelten Zellen auf den Faktor 68 und lag damit in der gleichen Größenordnung wie bei der Langzeit-Transduktionsanalyse (Abb. 22B). Letztlich bestätigten die qRT-PCR Experimente, dass persistierende Transgenexpressionen durch foamyvirale intrazelluläre Retrotransposition bzw.

durch die Bildung extrazellulärer PFV-Partikel und einen sekundären Transduktionszyklus hervorgerufen wurden.

In diesem Zusammenhang zeigten die Experimente zur Kinetik der PFV-Partikelfreisetzung *in vitro*, dass die intrazellulären FAD-Genome relativ schnell verloren gehen bzw. die vom FAD-Rückgrat ausgehende PFV-Expression zeitlich restringiert ist (Abb. 23 und 24). Dafür wurden A549- und Synovialzellen mit den Vektoren FAD-2 bzw. FAD-11 transduziert und bis zu 21 Tage in Gegenwart oder Abwesenheit von Doxycyclin in Kultur gehalten. Die innerhalb von jeweils 24 Stunden ins Zellkulturmedium freigesetzten PFV-Partikel wurden zellfrei auf HT1080 Zellen übertragen. Die Messung der GT-Raten, die unmittelbar mit der Zahl freigesetzter PFV-Partikel korrelierte, erfolgte durchflusscytometrisch (für FAD-2) oder über einen hIL-1Ra-spezifischen ELISA (für FAD-11). Im Ergebnis belegten die Analysen, dass in Gegenwart von Doxycyclin bereits innerhalb der ersten 24 Stunden nach der Primärtransduktion extrazelluläre PFV-Partikel gebildet wurden. Die höchsten PFV-Partikelfreisetzungen waren zwei bis vier Tage nach den Primärtransduktionen zu beobachten. Bei FAD-11 transduzierten A549 Zellen ließ sich beispielsweise feststellen, dass mit Zellkulturüberständen, die vier Tage nach der Primärtransduktion gewonnen wurden, die höchsten GT-Raten bei HT1080 Zellen erzielt werden konnten (Abb. 24). Die Bestimmung von hIL-1Ra in den Zellkulturüberständen der transgenen HT1080 Zellen mittels ELISA zeigte dabei die höchste gemessene hIL-1Ra-Expression im Sekundärzyklus während des Untersuchungszeitraums (46,4 ± 9,6ng/ml). Bereits zwei Tage später war die GT-Rate um den Faktor 3 (16,4 ± 1,7ng/ml) gesunken und reduzierte sich nach weiteren zehn Tagen um den Gesamtfaktor 26 (1,8 ± 0,2ng/ml). Zwei Wochen nach den Primärtransduktionen konnten über den sekundären Transduktionszyklus von Zielzellen grundsätzlich kaum noch freigesetzte PFV-Partikel aus FAD-transduzierten Zellen detektiert werden. Die parallel dazu durchgeführten hIL-1Ra-Quantifizierungen aus den Zellkulturüberständen der FAD-transduzierten Zellen bestätigten die bisherigen Befunde und den postulierten PFV-vermittelten sekundären Transduktionszyklus. Dabei wurden bei FAD-transduzierten Zellen im direkten Vergleich ab dem vierten Tag nach der Primärtransduktion deutlich höhere hIL-1Ra-Expressionen in Gegenwart von Doxycyclin detektiert. Offensichtlich hatten die transient PFV-produzierenden Zellen zu diesem Zeitpunkt bereits PFV-Integrate über den Sekundärzyklus akkumuliert, was einen Anstieg des hIL-1Ra-Transgenexpressionsniveaus zur Folge hatte. Hohe und stabile PFV-vermittelte hIL-1Ra-Expressionen konnten in Gegenwart von Doxycyclin für bis zu 21 Tage nachgewiesen werden. Erfolgte keine PFV-Induktion durch Doxycyclin fielen die hIL-1Ra-Expressionen ab Tag 7 nach der Transduktion stetig bis unter die Nachweisgrenze des ELISAs nach Tag 14 ab. Demzufolge resultierten

Diskussion

persistente hIL-1Ra-Expressionen, die über einen Zeitraum von zwei Wochen nach der FAD-11 Transduktion der A549 Zellen hinaus gemessen wurden, ausschließlich aus PFV-Integraten (Abb. 24). Der rasche intrazelluläre Verlust der FAD-Genome bzw. deren schnelle transkriptionelle Inaktivität lässt in dieser Hinsicht eine dauerhafte Induktion der PFV-Transkription mit Doxycyclin für unnötig erscheinen. Die möglichen Gründe für die transiente PFV-Produktion sind spekulativ, könnten aber in einem protrahierten „Versagen" des Tet-On-Systems, beispielsweise aufgrund einer epigenetischen Repression des Tetracyclin-induzierbaren Promotors durch DNA-Methylierungen, liegen (Übersicht in: Bao-Cutrona und Moral 2009). Ebenso denkbar sind cytotoxische Effekte infolge einer übermäßigen Expression foamyviraler Proteine. Diese könnten einen Verlust FAD-transduzierter Zellen bedingt haben, obgleich offenkundige cytopathische Effekte in den Zellkulturen nicht beobachtet wurden. Abschließend bewiesen die Experimente zur Kinetik der PFV-Partikelfreisetzung, dass die SFFV-U3-Transgenkassetten für mindestens drei Wochen in A549 Zellen und Synovialzellen transkriptionell aktiv waren.

Ergänzend zu diesen Befunden zeigten auch die Resultate der absoluten physikalischen Partikelquantifizierung aus konditionierten Zellkulturüberständen von FAD-11 transduzierten A549 Zellen mittels qRT-PCR, dass aus den Zellen nur transient PFV-Partikel freigesetzt wurden (Abb. 26). Die graphisch dargestellte PFV-Titerkurve spiegelte die Messungen der hIL-1Ra-Transgenexpression aus den PFV-vermittelten Sekundärtransduktionen wider (Abb. 24 und 26). Im Vergleich mit anderen Methoden zur Titerbestimmung, findet keine Differenzierung zwischen infektiösen und nicht-infektiösen Partikeln statt. Insofern liefert dieser molekularbiologische Ansatz zur Titerberechnung keinen Hinweis auf die Infektiosität des getesteten Inokulums. Dennoch stellt die hier vorgestellte PCR-basierte Titerschätzung eine gute Grundlage für die Quantifizierung replikationsinkompetenter viraler Vektoren ohne Reportergene (z.B. fluoreszierende Proteine, β-Galaktosidase) dar, bei denen eine klassische Titration mit Transduktion von Indikatorzellen (Endpunkt-Verdünnungsmethode) keine adäquaten Rückschlüsse auf die Anzahl der infektiösen Partikel pro Volumeneinheit erlaubt. Mit der weiteren Validierung der Methode könnte ein schnelles und kostengünstiges Testsystem geschaffen werden, bei dem der infektiöse PFV-Titer durch Interpolation hinreichend genau ermittelt werden kann.

Für die Evaluierung der protektiven Effekte eines FAD-vermittelten Gentransfers von IL-1Ra wurden im Vorfeld die proinflammatorischen Auswirkungen von IL-1β anhand der Genexpressionsmuster von IL-1β, IL-6 und IL-8 untersucht. Die Genexpression des transmembranären IL-1RI konnte in allen daraufhin charakterisierten humanen Zelllinien nachgewiesen werden (Abb. 27).

Sein Vorhandensein wurde auch auf Proteinebene durch indirekte Immunfluoreszenzfärbungen festgestellt (Daten nicht gezeigt). A549 Zellen, die eine vergleichsweise hohe relative IL-1RI-Expression aufwiesen, zeigten bei einer 24-stündigen Induktion bereits mit 10pg/ml IL-1β eine Hochregulierung der Entzündungsmediatoren. Maximale relative Genexpressionen konnten bei einer Konzentration von 1ng/ml IL-1β gemessen werden. Darüber hinaus wurden keine weiteren Steigerungen der Genexpressionen beobachtet. Wahrscheinlich kann dieser Plateaueffekt auf eine Sättigung der IL-1RI und des nachgeschalteten intrazellulären Signaltransduktionsweges zurückgeführt werden (Abb. 28 und Tab. 5). Die Ergebnisse bestätigten experimentelle Arbeiten, die unlängst auch bei RA-Synovialzellen eine starke Hochregulierung von IL-1β, IL-6 und IL-8 unter IL-1β-Behandlung nachweisen konnten (Jeong et al. 2004). Weitere Analysen zeigten, dass hIL-1Ra die NF-κB-vermittelten proinflammatorischen Effekte von IL-1β auf die Induktion der IL-1β- und IL-6-Genexpression in A549 Zellen effektiv inhibiert. In Übereinstimmung mit der Literatur (Abramson und Amin 2002; Arend und Gabay 2004) wurde der „spare receptor"-Effekt auch in A549 Zellen nachgewiesen (Abb. 29 und Tab. 6). In den Antagonisierungsexperimenten zeigte dabei schon ein 50-facher hIL-1Ra-Überschuß eine signifikante Reduktion des IL-1β- bzw. IL-6-Genexpressionsniveaus. Gleichwohl wurde selbst bei einem 2000-fachen hIL-1Ra -Überschuß die Transkription der proinflammatorischen Cytokine nicht vollständig supprimiert.

Die biologische Wirksamkeit des hIL-1Ra-exprimierenden Vektorsystems FAD-11 wurde an A549 Zellen erfolgreich gezeigt (Abb. 30 und 31). Dafür wurden die Zellen mit FAD-11 transduziert und in Gegenwart oder Abwesenheit von Doxycyclin für 96h inkubiert. Nach einer 24-stündigen Inkubation mit 1ng/ml IL-1β wurden in den transgenen Zellen deutlich schwächere Expressionen der proinflammatorischen Mediatoren IL-1β und IL-6 und des Gewebehormons PGE_2 im Vergleich zu nicht-transduzierten Kontrollzellen gemessen. Eine unmittelbare Erklärung hierfür lieferten die auffallend hohen hIL-1Ra-Anreicherungen in den Zellkulturüberständen von Doxycyclin-behandelten (221,5 ± 20,5ng/ml) und -unbehandelten (194 ± 42ng/ml) Zellen, was sich gleichsam auch auf mRNA-Ebene manifestierte (Abb. 30C und 30D). Infolgedessen wurden die durchschnittlichen relativen Genexpressionen von IL-1β bei Doxycyclin-behandelten Zellen um das 48-fache und von IL-6 um das 18-fache im Vergleich zu IL-1β-stimulierten Kontrollzellen gedämpft (Abb. 30A und 30B). Die Messung von PGE_2, das als Reaktion der Zellen auf inflammatorische Stimuli freigesetzt wird, festigte diese Aussage (Abb. 30E). Die Tatsache, dass die proinflammatorischen Effekte des supplementierten IL-1β trotz FAD-11 vermittelter Überexpression von hIL-1Ra im direkten Vergleich zu MOCK-Zellen nicht vollständig reprimiert wurden, ist wiederum auf den „spare receptor"-Effekt des IL-1-Signalweges zurückzuführen. Im sekundären Trans-

Diskussion

duktionszyklus ergaben die Messungen ein differenzierteres Bild, wobei sich gleichzeitig die postulierte Funktionsweise des FAD-Vektorsystems widerspiegelte (Abb. 31). Gute therapeutische Effekte konnten mit Zellkulturüberständen erreicht werden, die von Doxycyclin-induzierten Primärkulturen stammten. So wurde die relative Genexpression von IL-1β durch den FV-vermittelten hIL-1Ra-Gentransfer (Konzentration im Zellkulturmedium: 44,8 ± 6,3ng/ml) um ungefähr das 4-fache und von IL-6 um das 5-fache im Vergleich zu IL-1β-stimulierten Kontrollzellen vermindert (Abb. 31A und 31B). Dennoch wurden die inflammatorischen Marker deutlich stärker exprimiert als bei IL-1β-unbehandelten Kontrollzellen. Keine nachweisbare therapeutische Wirksamkeit wurde mit Zellkulturüberständen erzielt, die von Doxycyclin-unbehandelten Primärkulturen stammten – augenscheinlich vermochten es die vereinzelten, unspezifisch freigesetzten PFV-Partikel keinen ausreichend hohen und protektiven GT im Sekundärzyklus zu vermitteln.

Ein weiterer Fokus der Arbeit lag darin, die Funktionalität der *in vitro* erfolgreich charakterisierten FAD-Vektoren am Tiermodell zu testen. Zudem sollte das Potential der Vektoren für eine IL-1Ra-basierte somatische RA-Gentherapie ermittelt werden. Dafür wurden bis zu 1×10^8 iu FAD in 50µl PBS resuspendiert und gesunden immunkompetenten Wistar-Ratten bzw. immundefizienten RNU-Nacktratten intraartikulär injiziert. Die applizierten FAD-Vektordosen bewegten sich in einem Bereich (5×10^6 iu bis 1×10^8 iu), in dem adenovirale Erstgenerationsvektoren vom Serotyp 5 (AdV5) einen effizienten intraartikulären Gentransfer in Ratten bzw. Mäusen demonstriert hatten (Gouze et al. 2002 und 2007; Hur et al. 2006). Nach den FAD-Injektionen wurden keine motorischen Beeinträchtigungen oder immunologischen Reaktionen bei den Tieren beobachtet. Die Induktion der PFV-Partikelfreisetzung sollte mit der Zugabe von Doxycyclin (200µg/ml) im Trinkwasser erreicht werden (Kistner et al. 1996). Um die Akzeptanz des bitter schmeckenden Doxycyclins zu steigern, wurde das Trinkwasser zusätzlich mit 5% Saccharose supplementiert. Von den Tieren wurde das so vorbereitete Trinkwasser letztlich sehr gut angenommen. Die initial durchgeführten intraartikulären Injektionen des eGFP-exprimierenden Vektors FAD-2 (1×10^7 iu) zeigten, dass ein direkter *in vivo* Gentransfer in das Synovium von Ratten prinzipiell möglich ist - transgene eGFP$^+$-Synovialzellen konnten aus den Kniegelenken der behandelten Tiere isoliert werden. Gleichwohl erwiesen sich die GT-Raten, mit auffallend wenigen eGFP$^+$-Synovialzellen innerhalb der Gesamtpopulation aller präparierten Synovialzellen, als unerwartet gering (Abb. 36). Für die weitere quantitative Evaluierung des FAD-Gentransferpotentials wurde das hIL-1Ra-exprimierende Vektorsystem FAD-11 verwendet. Bei diesen Experimenten wurden den Versuchstieren drei bzw. fünf Tage nach der Applikation von jeweils 1×10^8 iu FAD-11 die Kniegelenke explantiert und mit einem hIL-1Ra-spezifischen ELISA die innerhalb von 24 Stunden sekretierten hIL-1Ra-Mengen gemessen (Abb. 37 und Tab. 7). Die so ermittelten zellulären hIL-1Ra-Syntheseraten standen in direkter Beziehung zur Effizienz des FAD-vermittelten Gentransfers und unterlagen vergleichsweise niedrigeren methodisch bedingten Schwankungen als die direkte Präparation von eGFP$^+$-Synovialzellen aus den Gelenken. Die gewonnenen Daten sprachen auch hier für eine eingeschränkte Effizienz des FAD-vermittelten Gentransfers und erhärteten die vorangegangenen *in vivo* Befunde. Die maximal festgestellten hIL-1Ra-Konzentrationen betrugen lediglich 18,9 ± 16,1ng/ml und lagen damit deutlich unterhalb dessen, was in der Literatur bei identischer Methodik für andere Vektorsysteme beschrieben wurde (Abb. 37 und Tab. 7). So konnten beispielsweise Gouze et al. (2003) fünf Tage nach der intraartikulären Injektion von 5x10^7 iu eines hIL-1Ra-exprimierenden lentiviralen Vektorsystems in Ratten im Mittel mehr als 115ng/ml hIL-1Ra messen. Angesichts der offenbar relativ niedrigen GT-Raten und in Hinblick auf die erforderlichen hohen Überschußkonzentrationen von IL-1Ra gegenüber IL-1β im erkrankten Gelenk muss das therapeutische Potential der konstruierten FAD-Vektoren für *in vivo* Applikationen deshalb grundsätzlich infrage gestellt werden. Die möglichen Ursachen für die beobachteten schwachen GT-Raten könnten erstens in einer zu geringen Vektordosis, zweitens in einer niedrigen *in vivo* Transduktionseffizienz, drittens in einer eingeschränkten Transgen- bzw. PFV-Expression oder viertens in immunologischen Reaktionen begründet liegen.

Adaptive Immunantworten gegen die transduzierten Zellen (xenogenes hIL-1Ra-Protein bzw. PFV-Proteine) sind zwar prinzipiell möglich, erscheinen aber in Anbetracht des kurzen Versuchszeitraumes von maximal fünf Tagen als unwahrscheinlich (Liu und Muruve 2003). Abgesehen davon können adenovirale Vektoren dosisabhängig starke unspezifische Immunreaktionen hervorrufen, die unter anderem eine Freisetzung proinflammatorischer Cytokine/Chemokine (z.B. IL-6, TNF- α, IFN-γ, IP-10 oder RANTES) aus antigenpräsentierenden Zellen, wie Makrophagen, induzieren (Liu und Muruve 2003; Campos und Barry 2007). Diese Aktivierung, die auch bei der Applikation adenoviraler Drittgenerationsvektoren gefunden wurde, wird den adenoviralen Capsid-Proteinen zugesprochen (Alba et al. 2005; Campos und Barry 2007). Weil die Versuchstiere aber immunologisch naiv waren und im Vorfeld keine experimentelle Arthritis erzeugt wurde, die eine Infiltration von Immunzellen ins behandelte Gelenk bewirkt hätte, kann der Einfluss des Immunsystems auf die schwachen GT-Raten in diesem experimentellen Kontext als vernachlässigbar eingeschätzt werden. Überdies traten, wie schon erwähnt, keine offensichtlichen Komplikationen infolge der FAD-Applikation bei den Tieren auf.

Diskussion

Wie bereits dargelegt wurde, konnte in früheren experimentellen Arbeiten ein effizientes Gentransferpotential von AdV5 an Synovialzellen des Menschen und Kaninchens (Roessler et al. 1995; Nita et al. 1996), der Maus (Hur et al. 2006) oder der Ratte (Gouze et al. 2002 und 2007) gezeigt werden. Andererseits berichteten die Publikationen von Bakker et al. (2001), Goossens et al. (2001) und Toh et al. (2005) von einer niedrigen Permissivität muriner und humaner Synovialzellen für AdV5. Die geringe Suszeptibilität dieser Zellen für AdV5 wurde der niedrigen bzw. nicht nachweisbaren Genexpression des zellulären Coxsackie-Adenovirus-Rezeptors (CAR) zugeschrieben, was im Umkehrschluss hohe Viruspartikelzahlen (MOI) pro Zelle für eine therapeutisch relevante Transduktionseffizienz notwendig macht. Die Daten der vorliegenden Arbeiten wiesen ebenfalls auf den wesentlichen Einfluss der CAR-Expression bei der Transduktion von Zielzellen hin (Abb. 34). In vergleichenden *in vitro* Transduktions-analysen, die in diesem Zusammenhang durchgeführt wurden, konnten erhebliche Unterschiede in der Permissivität verschiedener Zelllinien für FAD-Vektoren festgestellt werden (Abb. 34A). Unter anderem zeigten die Messungen, dass Synovialzellen reproduzierbar deutlich schlechter transduziert wurden, als die hochpermissive Zelllinie A549. Ein direkter Vergleich der relativen CAR-Expression zwischen diesen beiden Zelllinien war wegen des nicht-homologen genetischen Hintergrundes nicht möglich (Abb. 34B). Gleichwohl war auch die für FAD-Vektoren vergleichsweise niedrigpermissive humane mesenchymale Stammzelllinie hMSC-TERT4 durch eine sehr geringe CAR-Expression gekennzeichnet, was den signifikanten Einfluss dieses Rezeptors für die Transduktionsrate unterstrich (Knaän-Shanzer et al. 2005; Campos und Barry 2007). Die parallel dazu analysierten relativen CAR-Expressionen in verschiedenen Geweben der Ratte ergaben darüber hinaus nur minimale mRNA-Mengen des Ratten-CAR im Synovium (Abb. 35). Dennoch konnten auch in Synovialzellen der Ratte unter Anwendung hoher MOIs (>500) gute Transduktionsraten von über 50% transgenen Zellen mit FAD-Vektoren *in vitro* erzielt werden (Daten nicht gezeigt). Es erscheint daher naheliegend, dass eine höhere Vektordosis eine Steigerung der Transgenexpression *in vivo* bewirkt hätte. Desweiteren wurden bei der *in vivo* Applikation adenoviraler Vektoren sogenannte Schwellenwert-Effekte beobachtet, bei denen steigende Vektordosen zu überproportionalen, nicht-linearen Transgenexpressionen führten (Bristol et al. 2000). Eine Erhöhung der Vektordosis ist dennoch nicht unkritisch, weil hierdurch unweigerlich einerseits das Risiko möglicher vektorassoziierter cytotoxischer Nebenwirkungen zunimmt und andererseits das Risiko eines akuten Aufflammens der RA („flare") steigt (Thomas et al. 2003; Toh et al. 2005). Außerdem könnte sich bei einer potenzierten Vektordosis auch die Wahrscheinlichkeit der ungewollten Dissemination injizierter Vektorpartikel aus dem abgeschlossenen Kompartment der Gelenkhöhle erhöhen und schwere, womöglich sogar letale, systemische Nebenwirkungen hervorrufen. Diesbezüglich wurden in der Literatur ebenso Schwellenwerteffekte für AdV5 beschrieben (Thomas et al. 2001; Morral et al. 2002). Aus diesem Grund wird es zweifellos der zweckmäßigere Ansatz sein, gezielt den Tropismus der Vektoren für Synovialzellen zu steigern (transduktionales Targeting). Entsprechende Ansätze umfassen unter anderem den Austausch des AdV5-Fiberproteins gegen die Fiberproteine anderer Serotypen (Goossens et al. 2001), die Einführung von arg-gly-asp-Aminosäuresequenzen (RGD-Motive) an die terminale Knopfregion des Fiberproteins (Bakker et al. 2001) oder eine Verkürzung des Fiberproteins (Toh et al. 2005). Die chimären AdV dieser Arbeiten zeigten gegenüber konventionellen AdV5 deutlich gesteigerte Transduktionsraten bei Synovialzellen. Es ist sehr wahrscheinlich, dass sich mit diesen oder ähnlichen Targetingstrategien ebenso bei den AdV5-basierten FAD-Vektoren das therapeutische Fenster wesentlich erweitern ließe.

Schließlich könnten auch niedrige Promotoraktivitäten zu den festgestellten geringen Transgenexpressionen *in vivo* beigetragen haben. Aufgrund der Komplexität des FAD-Vektorsystems ist die volle intrazelluläre Funktionalität der Konstrukte von der Aktivität dreier Promotoren abhängig (Abb. 13). Zunächst müssen der Tetracyclin-induzierbare Promotor der PFV-Vektorkassette sowie der konstitutiv aktive hCMV immediate-early Promotor des Transaktivatorgens *rtTA* transkriptionelle Aktivitäten aufweisen. Obwohl eine funktionelle Induzierbarkeit der PFV-Expression in Synovialzellen *in vitro* gezeigt werden konnte, muss dieses nicht notwendigerweise auch *in vivo* gelten. Ferner ist es für die Funktion des Tet-On-Systems unerlässlich, dass eine hinreichende Konzentration des Induktors Doxycyclin in der Gelenkflüssigkeit erreicht wird. Diesbezüglich hat das Antibiotikum Doxycyclin neben seiner bakteriostatischen Wirkung (Therapie der Borrelien-induzierten Lyme-Arthritis) auch gute therapeutische Effekte auf degenerative Gelenkerkrankungen gezeigt, was u.a. der Hemmung von matrixdegradierenden Enzymen (MMPs) und bisher weniger gut charakterisierten anti-inflammatorischen Effekten (u.a. Inhibition der NO-Synthetase) zugesprochen wird (Sapadin und Fleischmajer 2006; Attar 2009). Wegen seines lipophilen Charakters ist Doxycyclin dabei in der Lage, die Synovialmembran effektiv zu überwinden und in die Gelenkflüssigkeit zu diffundieren. Es ist mit hoher Wahrscheinlichkeit davon auszugehen, dass das mit dem Trinkwasser zugeführte Doxycyclin in der Ratte eine vergleichbare Pharmakokinetik wie im Menschen aufweist und aus diesem Grunde mutmaßlich keinen limitierenden Faktor in den Tierversuchen dargestellt hat. In diesem Zusammenhang konnten Titrationsexperimente zeigen, dass der Tetracyclin-induzierbare Promotor *in vitro* schon bei einer Konzentration von 1ng/ml annähernd fünfundzwanzig Prozent Expressionsaktivität und

Diskussion

bei einer Konzentration von 10ng/ml annähernd achtzig Prozent Expressionsaktivität im Vergleich zur Standardkonzentration von 1µg/ml aufwies (Daten nicht gezeigt).

Für eine abschließende Gesamtbewertung der FAD-Vektoren in Hinblick auf ihr somatisches GT-Potential muss auch die Stärke der SFFV-U3-Promotor-vermittelten Transgenexpression berücksichtigt werden. Diesbezüglich konnte wiederholt gezeigt werden, dass der konstitutive SFFV-U3-Promotor grundsätzlich eine Transgenexpression in Synovialzellen der Ratte vermitteln konnte, die im direkten Vergleich zu anderen Zelllinien aber stets niedriger ausfiel (Abb. 21, 24 und 36). Aufgrund der individuell sehr unterschiedlichen Suszeptibilitäten der diversen getesteten Zelllinien für FAD-Vektoren (Abb. 34) ist ein unmittelbarer Vergleich der jeweils gemessenen Promotoraktivitäten jedoch schwierig. Ungeachtet dessen konnten auch bei Synovialzellen, die *in vitro* mit dem PFV-Vektorsystem MD09 transduziert wurden, regulär hohe Transgenexpressionen unter der Regulation des SFFV-U3-Promotors ermittelt werden (Daten nicht gezeigt). Diese Befunde lassen vermuten, dass die vergleichsweise niedrigen Transgenexpressionen bei Synovialzellen primär auf die relativ geringe Permissivität dieser Zellen für FAD-Vektoren zurückzuführen sind. Ob sich die experimentellen Befunde, die eine Amplifikation der SFFV-U3-Promotor-vermittelten Transgenexpression unter IL-1β Inkubation bei A549 Zellen zeigen konnten (Abb. 32 und 33) auch bei Synovialzellen bestätigt hätten, bleibt offen. Die erhöhte transkriptionelle Aktivität des SFFV-U3-Promotors wurde wahrscheinlich durch die verstärkte IL-1β-bedingte NF-κB Aktivierung induziert. Obgleich mittels einer *in silico* Analyse vier putative NF-κB Bindestellen im Bereich des SFFV-U3-Promotors identifiziert wurden und NF-κB-abhängige Genexpressionen darüber hinaus auch bei anderen viralen Promotoren (u.a. HIV-LTR-U3-, hCMV immediate-early Promotor) beschrieben wurden, können andere Mechanismen nicht gänzlich ausgeschlossen werden (Goff 2001; Mocarski und Tan Courcelle 2001).

Letztlich bleibt der Einsatz von viralen FAD-Hybridvektoren für somatische *in vivo* Gentherapien, insbesondere an lokal begrenzten Geweberäumen wie dem Kniegelenk, attraktiv. Obwohl die therapeutischen FAD-Vektoren dieser Arbeit in präklinischen Tierversuchen bisher nur niedrige Expressionen des immunsuppressiven IL-1Ra ermöglichten, könnten weitere Verbesserungen des Systems zukünftig die Basis für ein effektives Werkzeug zum intraartikulären Gentransfer bieten. Zur weiteren Verbesserung der FAD-Vektoren hinsichtlich ihrer Effizienz, Spezifität und Sicherheit könnten einerseits autonom-regulierende gewebespezifische Promotoren, die durch endogene proinflammatorische Stimuli induziert werden, beitragen. Mit solchen Strategien (transkriptionelles Targeting) könnte eine physiologisch-regulierte Transgenexpression in Abhängigkeit vom Entzündungsstatus sichergestellt werden (Evans et al. 2009). Entsprechende Ansätze auf dem Gebiet der RA-Gentherapie wurden bereits in der Literatur beschrieben (Miagkov et al. 2002; van de Loo et al. 2004; Geurts et al. 2009). Andererseits könnte der FAD-Vektortropismus für Synovialzellen, wie schon erläutert wurde, durch Modifikationen der adenoviralen Fiberproteine erhöht werden (transduktionales Targeting) und den weiteren Weg hin zu einer klinischen Anwendung ebnen (Goossens et al. 2001; Bakker et al. 2001; Toh et al. 2005).

6. Referenzverzeichnis

Abramson, S. B., Amin, A. (2002) Blocking the effects of IL-1 in rheumatoid arthritis protects bone and cartilage. *Rheumatology.* **41**: 972-980.

Achong, B. G., Mansell, W. A., Epstein, M. A., Clifford, P. (1971) An unusual virus in cultures from a human nasopharyngeal carcinoma. *J Natl Cancer Inst.* **46**: 299-307.

Aiuti, A., Roncarolo, M. G. (2009) Ten years of gene therapy for primary immune deficiencies. *Hematology.* 682-689.

Akusjärvi, G., Stévenin, J. (2004) Remodelling of the Host Cell RNA Splicing Machinery During an Adenovirus Infection. in: Doerfer, W., Boehm, P. (eds.) *Adenoviruses: Model and Vectors in Virus-Host Interactions.* Springer: Berlin, 253-286.

Alba R., Bosch, A., Chillon, M. (2005) Gutless adenovirus: last-generation adenovirus for gene therapy. *Gene Ther.* **12**: 18-27.

Ali, M., Taylor, G. P., Pitman, R. J., Parker, D., Rethwilm, A., Cheingsong-Popov, R., Weber, J. N., Bieniasz, P. D., Bradley, J., McClure, M. O. (1996) No evidence of antibody to human foamy virus in widespread human populations. *AIDS Res Hum Retroviruses.* **15**: 1473-1483.

Arend, W. P., Gabay, C. (2004) Anakinra (Interleukin-1 Receptor Antagonist). in: St. Clair, E. W., Pisetsky, D. S., Haynes, B. F. (eds.) *Rheumatoid arthritis.* Lippincott Williams & Wilkins, 385-393.

Arend, W. P., Guthridge, C. J. (2000) Biological role of interleukin 1 receptor antagonist isoforms. *Ann Rheum Dis.* **59**: 60-64.

Attar, S. M. (2009) Tetracyclines: what a rheumatologist needs to know? *Int J Rheum Dis.* **12**: 84-89.

Bakker, A.C., Van de Loo, F. A. J., Joosten, L. A. B., Bennink, M. B., Arntz, O. J., Dmitriev, I. P., Kashentsera, E. A., Curiel, D. T., van den Berg, W. B. (2001) A tropism-modified adenoviral vector increased the effectiveness of gene therapy for arthritis. *Gene Ther.* **8**: 1785-1793.

Bandara, G., Mueller, G. M., Galea-Lauri, J., Tindal, M. H., Georgescu, H. I., Suchanek, M. K., Hung, G. L., Glorioso, J. C., Robbins, P. D., Evans, C. H. (1993) Intraarticular expression of biologically active interleukin 1-receptor-antagonist protein by ex vivo gene transfer. *Proc Natl Acad Sci.* **90**: 10764-10768.

Bao-Cutrona, M., Moral, P. (2009) Unexpected expression pattern of tetracycline-regulated transgenes in mice. *Genetics.* **181**: 1687-1691.

Barksby, H. E., Lea, S. R., Preshaw, P. M., Taylor, J. J. (2007) The expanding family of interleukin-1 cytokines and their role in destructive inflammatory disorders. *Clin Exp Immunol.* **149**: 217-225.

Bauer, T. R. Jr., Allen, J. M., Hai, M., Tuschong, L. M., Khan, I. F., Olson, E. M., Adler, R. L., Burkholder, T. H., Gu, Y. C., Russell, D. W., Hickstein, D. D. (2008) Successful treatment of canine leukocyte adhesion deficiency by foamy virus vectors. *Nat Med.* **14:** 93-97.

Benkoe, M., Harrach, B. (2004) Molecular Evolution of Adenoviruses. in: Doerfer, W., Boehm, P. (eds.) *Adenoviruses: Model and Vectors in Virus-Host Interactions.* Springer: Berlin, 3-35.

Bernhard, J., Villiger, P. M. (2001) Rheumatoide Arthritis: Pathogenese und Pathologie. *Schweizer Med Forum.* **8:** 179-183.

Bessis, N., Doucet, C., Cottard, V., Douar, A. M., Firat, H., Jorgensen, C., Mezzina, M., Boissier, M. C. (2002) Gene therapy for rheumatoid arthritis. *J Gene Med.* **4:** 581-591.

Blaese, R. M., Culver, K. W., Miller, A. D., Carter, C. S., Fleisher, T., Clerici, M., Shearer, G., Chang, L., Chiang, Y., Tolstoshev, P., et al. (1995) T lymphocyte-directed gene therapy for ADA- SCID: initial trial results after 4 years. *Science* **270:** 475-480.

Bodem, J., Kräusslich, H. G., Rethwilm, A. (2007) Acetylation of the foamy virus transactivator Tas by PCAF augments promoter-binding affinity and virus transcription. *J Gen Virol.* **88:** 259-263.

Bodem, J., Schied, T., Gabriel, R., Rammling, M., Rethwilm, A. (2011) Foamy virus nuclear RNA export is distinct from that of other retroviruses. *J Virol.* **85:** 2333-2341.

Boneva, R. S., Switzer, W. M., Spira, T. J., Bhullar, V. B., Shanmugam, V., Cong, M. E., Lam, L., Heneine, W., Folks, T. M., Chapman, L. E. (2007) Clinical and virological characterization of persistent human infection with simian foamy viruses. *AIDS Res Hum Retroviruses.* **23:** 1330-1337.

Bresnihan, B. (2002) Effects of anakinra on clinical and radiological outcomes in rheumatoid arthritis. *Ann Rheum Dis.* **61:** 74-77.

Bristol, J. A., Shirley, P., Idamakanti, N., Kaleko, M., Connelly, S. (2000) In vivo dose threshold effect of adenovirus-mediated factor VIII gene therapy in hemophiliac mice. *Mol Ther.* **2:** 223-232.

Brunetti-Pierri, N., Stapleton, G. E., Law, M., Breinholt, J., Palmer, D. J., Zuo, Y., Grove, N. C., Finegold, M. J., Rice, K., Beaudet, A. L., Mullins, C. E., Ng, P. (2009) Efficient, long-term hepatic gene transfer using clinically relevant HDAd doses by balloon occlusion catheter delivery in nonhuman primates. *Mol Ther.* **17:** 327-333.

Cain, D., Erlwein, O., Grigg, A., Russell, R. A., McClure, M. O. (2001) Palindromic sequence plays a critical role in human foamy virus dimerization. *J Virol.* **75:** 3731-3739.

Campos, S. K., Barry, M. A. (2007) Current advances and future challenges in Adenoviral vector biology and targeting. *Curr Gene Ther.* **7:** 189-204.

Cohen, O. J., Fauci, A. S. (2001) Pathogenesis and Medical Aspects of HIV-1 Infection. in: Knipe, D.M and Howley, P. M. (eds.) *Fields Virology, 4th edition.* Lippincott Williams and Wilkins, Philadelphia, 1756-1768.

Referenzverzeichnis

Cohen, S., Hurd, E., Cush, J., Schiff, M., Weinblatt, M. E., Moreland, L. W., Kremer, J., Bear, M. B., Rich, W. J., McCabe, D. (2002) Treatment of rheumatoid arthritis with anakinra, a recombinant human interleukin-1 receptor antagonist, in combination with methotrexate: results of a twenty-four-week, multicenter, randomized, double-blind, placebo-controlled trial.
Arthritis Rheum. **46:** 614-624.

Cossons N., Nielsen, T. O., Dini, C., Tomilin, N., Young, D. B., Riabowol, K. T., Rattner, J. B., Johnston, R. N., Zannis-Hadjopoulos, M., Price, G. B. (1997) Circular YAC vectors containing a small mammalian origin sequence can associate with the nuclear matrix.
J Cell Biochem. **67:** 439-450.

Crick, F. (1970) Central Dogma of Molecular Biology. *Nature* **227:** 561-563.

Dai, Y., Schwarz, E. M., Gu, D., Zhang, W. W., Sarvetnick, N., Verma, I. M. (1995) Cellular and humoral immune responses to adenoviral vectors containing factor IX gene: tolerization of factor IX and vector antigens allows for long-term expression.
Proc Natl Acad Sci U S A. **92:** 1401-1405.

Danthinne, X., Imperiale, M. J. (2000) Production of first generation adenovirus vectors: a review. *Gene Ther.* **7:** 1707-1714.

Defer, C., Belin, M. T., Caillet-Boudin, M. L., Boulanger, P. (1990) Human adenovirus-host cell interactions: comparative study with members of subgroups B and C. *J Virol.* **64:** 3661-3673.

Delelis, O., Lehmann-Che, J., Saïb, A. (2004) Foamy viruses - a world apart.
Curr Opin Microbiol. **7:** 400-406.

Dolph, P. J., Huang, J., Schneider, R. J. (1990) Translation by the adenovirus tripartite leader: elements which determine independence from cap-binding protein complex. *J Virol.* **64:** 2669-2677.

DuBridge, R. B., Tang, P., Hsia, H. C., Leong, P. M., Miller, J. H., Calos, M.P. (1987) Analysis of mutation in human cells by using an Epstein-Barr virus shuttle system.
Mol Cell Biol. **7:** 379-387.

Duda, A., Stange, A., Lüftenegger, D., Stanke, N., Westphal, D., Pietschmann, T., Eastman, S. W., Linial, M. L., Rethwilm, A., Lindemann, D. (2004) Prototype foamy virus envelope glycoprotein leader peptide processing is mediated by a furin-like cellular protease, but cleavage is not essential for viral infectivity. *J Virol.* **78:** 13865-13870.

Enders, J. F., Peebles, T. C. (1954) Propagation in tissue cultures of cytopathogenic agents from patients with measles. *Proc Soc Exp Biol Med.* **86:** 277-286.

Enssle, J., Jordan, I., Mauer, B., Rethwilm, A. (1996) Foamy virus reverse transcriptase is expressed independently from the Gag protein. *Proc Natl Acad Sci U S A.* **93:** 4137-4141.

Erlwein, O., Bieniasz, P. D., McClure, M. O. (1998) Sequences in pol are required for transfer of human foamy virus-based vectors. *J Virol.* **72:** 5510-5516.

Erlwein, O., McClure, M. O. (2010) Progress and prospects: Foamy virus vectors enter a new age. *Gene Ther.* **17:** 1423-1429.

Eszterhas, S. K., Bouhassira, E. E., Martin, D. I., Fiering, S. (2002) Transcriptional interference by independently regulated genes occurs in any relative arrangement of the genes and is influenced by chromosomal integration position. *Mol Cell Biol* **22**: 469-479.

Evans, C. H., Ghivizzani, S. C., Robbins, P. D. (2006) Gene therapy for arthritis: what next? *Arthritis Rheum.* **54**: 1714-1729.

Evans, C. H., Ghivizzani, S. C., Robbins, P. D. (2009) Gene therapy of the rheumatic diseases: 1998 to 2008. *Arthritis Res Ther.* **1**: 209.

Evans, C. H., Robbins, P. D., Ghivizzani, S. C., Wasko, M. C., Tomaino, M. M., Kang, R., Muzzonigro, T. A., Vogt, M., Elder, E. M., Whiteside, T. L., Watkins, S. C., Herndon, J. H. (2005) Gene transfer to human joints: progress toward a gene therapy of arthritis. *Proc Natl Acad Sci.* **102**: 8698-8703.

Faller, A., Schünke, M. (2008) *Der Körper des Menschen.* 15. Auflage, Georg Thieme Verlag, Stuttgart.

Firestein, G. S., Boyle, D. L., Yu, C., Paine, M. M., Whisenand, T. D., Zvaifler, N. J., Arend, W. P. (1994) Synovial interleukin-1 receptor antagonist and interleukin-1 balance in rheumatoid arthritis. *Arthritis Rheum.* **37**: 644-652.

Flak, M. B., Connell, C. M., Chelala, C., Archibald, K., Salako, M. A., Pirlo, K. J., Lockley, M., Wheatley, S. P., Balkwill, F. R., McNeish, I. A. (2010) p21 Promotes oncolytic adenoviral activity in ovarian cancer and is a potential biomarker. *Mol Cancer.* **9**: 175.

Fleischmann, R. M., Schechtman, J., Bennett, R., Handel, M. L., Burmester, G. R., Tesser, J., Modafferi, D., Poulakos, J., Sun, G. (2003) Anakinra, a recombinant human interleukin-1 receptor antagonist (r-metHuIL-1ra), in patients with rheumatoid arthritis: A large, international, multicenter, placebo-controlled trial. *Arthritis Rheum.* **48**: 927-934.

Flotte, T. R. (2007) Gene therapy: the first two decades and the current state-of-the-art. *J Cell Physiol.* **213**: 301-315.

Fujikawa, Y., Shingu, M., Torisu, T., Masumi, S. (1995) Interleukin-1 receptor antagonist production in cultured synovial cells from patients with rheumatoid arthritis and osteoarthritis. *Ann Rheum Dis.* **54**: 318-320.

Gallaher, S. D., Gil, J. S., Dorigo, O., Berk, A. J. (2009) Robust in vivo transduction of a genetically stable Epstein-Barr virus episome to hepatocytes in mice by a hybrid viral vector. *J Virol.* **83**: 3249-3257.

Gao G. P., Yang, Y., Wilson, J. M. (1996) Biology of adenovirus vectors with E1 and E4 deletions for liver-directed gene therapy. *J Virol.* **70**: 8934-8943.

Geurts, J., Joosten, L. A., Takahashi, N., Arntz, O. J., Glück, A., Bennink, M. B., van den Berg, W. B., van de Loo, F. A. (2009) Computational design and application of endogenous promoters for transcriptionally targeted gene therapy for rheumatoid arthritis. *Mol Ther.* **17**: 1877-1887.

Gharwan, H., Hirata, R. K., Wang, P., Richard, R. E., Wang, L., Olson, E., Allen, J., Ware, C. B., Russell, D. W. (2007) Transduction of human embryonic stem cells by foamy virus vectors. *Mol Ther.* **15**: 1827-1833.

Goff, S. P. (2001) Retroviridae: The retroviruses and their replication. in: Knipe, D.M and Howley, P. M. (eds.) *Fields Virology, 4th edition*. Lippincott Williams and Wilkins, Philadelphia. **57**: 1871-1940.

Goossens, P. H., Havenga, M. J., Pieterman, E., Lemckert, A. A., Breedveld, F. C., Bout, A., Huizinga, T. W. (2001) Infection efficiency of type 5 adenoviral vectors in synovial tissue can be enhanced with a type 16 fiber. *Arthritis Rheum.* **44**: 570-577.

Goronzy, J. J., Weyand, C. M. (2009) Developments in the scientific understanding of rheumatoid arthritis. *Arthritis Res Ther.* **11**: 249.

Gossen, M., Freundlieb, S., Bender, G., Müller, G., Hillen, W., Bujard, H. (1995) Transcriptional activation by tetracyclines in mammalian cells. *Science* **268**: 1766-1769.

Gouze, E., Gouze, J. N., Palmer, G. D., Pilapil, C., Evans, C. H., Ghivizzani, S. C. (2007) Transgene persistence and cell turnover in the diarthrodial joint: implications for gene therapy of chronic joint diseases. *Mol Ther.* **15**: 1114-1120.

Gouze, E., Pawliuk, R., Pilapil, C., Gouze, J. N., Fleet, C., Palmer, G. D., Evans, C. H., Leboulch, P., Ghivizzani, S. C. (2002) In vivo gene delivery to synovium by lentiviral vectors. *Mol Ther.* **5**: 397-404.

Gouze E., Pawliuk, R., Gouze, J. N., Pilapil, C., Fleet, C., Palmer, G. D., Evans, C. H. Leboulch, P., Ghivizzani, S. C. (2003) Lentiviral-mediated gene delivery to synovium: potent intra-articular expression with amplification by inflammation. *Mol Ther.* **7**: 460-466.

Gouze, J. N., Gouze, E., Palmer, G. D., Liew, V. S., Pascher. A., Betz, O. B., Thornhill, T. S., Evans, C. H., Grodzinsky, A. J., Ghivizzani. S. C. (2003) A comparative study of the inhibitory effects of interleukin-1 receptor antagonist following administration as a recombinant protein or by gene transfer. *Arthritis Res Ther.* **5**: R301-R309.

Goverdhana, S., Puntel, M., Xiong, W., Zirger, J. M., Barcia, C., Curtin, J. F., Soffer, E. B., Mondkar, S., King, G. D., Hu, J., Sciascia, S. A., Candolfi, M., Greengold, D. S., Lowenstein, P. R., Castro, M. G. (2005) Regulatable gene expression systems for gene therapy applications: progress and future challenges. *Curr Gene Ther.* **6**: 421-438.

Graham, F. L., Prevec, L. (1995) Methods for construction of adenovirus vectors. *Mol. Biotechnol.* **3**: 207-220.

Hacein-Bey-Abina, S., Hauer, J., Lim, A., Picard, C., Wang, G. P., Berry, C. C., Martinache, C., Rieux-Laucat, F., Latour, S., Belohradsky, B. H., Leiva, L., Sorensen, R., Debré, M., Casanova, J. L., Blanche, S., Durandy, A., Bushman, F. D., Fischer, A., Cavazzana-Calvo, M. (2010) Efficacy of gene therapy for X-linked severe combined immunodeficiency. *N Engl J Med.* **363**: 355-364.

Harui, A., Suzuki, S., Kochanek, S., Mitani, K. (1999) Frequency and stability of chromosomal integration of adenovirus vectors. *J Virol.* **73:** 6141-6146.

Heinkelein, M., Dressler, M., Jármy, G., Rammling, M., Imrich, H., Thurow, J., Lindemann, D., Rethwilm, A. (2002) Improved primate foamy virus vectors and packaging constructs. *J Virol.* **76:** 3774-3783.

Heinkelein, M., Pietschmann, T., Jármy, G., Dressler, M., Imrich, H., Thurow, J., Lindemann, D., Bock, M., Moebes, A., Roy, J., Herchenröder, O., Rethwilm, A. (2000) Efficient intracellular retrotransposition of an exogenous primate retrovirus genome. *EMBO J.* **19:** 3436-3445.

Heinkelein, M., Rammling, M., Juretzek, T., Lindemann, D., Rethwilm, A. (2003) Retrotransposition and cell-to-cell transfer of foamy viruses. *J Virol.* **77:** 11855-11858.

Heinkelein, M., Schmidt, M., Fischer, N., Moebes, A., Lindemann, D., Enssle, J., Rethwilm, A. (1998) Characterization of a cis-acting sequence in the Pol region required to transfer human foamy virus vectors. *J Virol.* **72:** 6307-6314.

Heneine, W., Schweizer, M., Sandstrom, P., Folks, T. (2003) Human infection with foamy viruses. *Curr Top Microbiol Immunol.* **277:** 181-196.

Herchenröder, O., Turek, R., Neumann-Haefelin, D., Rethwilm, A., Schneider, J. (1995) Infectious proviral clones of chimpanzee foamy virus (SFVcpz) generated by long PCR reveal close functional relatedness to human foamy virus. *Virology.* **214:** 685-689.

Hill, C. L., Bieniasz, P. D., McClure, M. O. (1999) Properties of human foamy virus relevant to its development as a vector for gene therapy. *J Gen Virol.* **80:** 2003-2009.

Hilleman, M. R., Werner, J. H. (1954) Recovery of new agents from patients with acute respiratory illness. *Proc Soc Exp Biol Med.* **85:** 183-188.

Hirata, R. K., Miller, A. D., Andrews, R. G., Russell, D. W. (1996) Transduction of hematopoietic cells by foamy virus vectors. *Blood.* **88:** 3654-3661.

Horai, R., Saijo, S., Tanioka, H., Nakae, S., Sudo, K., Okahara, A., Ikuse, T., Asano, M., Iwakura, Y. (2000) Development of chronic inflammatory arthropathy resembling rheumatoid arthritis in interleukin 1 receptor antagonist-deficient mice. *J Exp Med.* **191:** 313-320.

Horwitz, M. S. (2001) Adenoviruses. in: Knipe, D.M and Howley, P. M. (eds.) *Fields Virology, 4th edition.* Lippincott Williams and Wilkins, Philadelphia. **68:** 2301-2326.

Hur, W., Cho, M. L., Yoon, S. K., Kim, S. Y., Ju, J. H., Jhun, J. Y., Heo, S. B., Moon, Y. M., Min, S. Y., Park, S. H., Kim, H. Y. (2006) Adenoviral delivery of IL-1 receptor antagonist abrogates disease activity during the development of autoimmune arthritis in IL-1 receptor antagonist-deficient mice. *Immunol Lett.* **106:** 154-162.

Imperiale, M. J., Kochanek, S. (2004) Adenovirus Vectors: Biology, Design and Production. in: Doerfer, W., Boehm, P. (eds.) *Adenoviruses: Model and Vectors in Virus-Host Interactions.* Springer: Berlin, 335-357.

Imrich, H., Heinkelein, M., Herchenröder, O., Rethwilm, A. (2000) Primate foamy virus pol proteins are imported into the nucleus. *J. Gen. Virol.* **81**: 2941-2947.

Jeong, J. G., Kim, J. M., Cho, H., Hahn, W., Yu, S. S., Kim, S. (2004) Effects of IL-1beta on gene expression in human rheumatoid synovial fibroblasts. *Biochem Biophys Res Commun.* **324**: 3-7.

J Gene Med. (2011) http://www.wiley.com/legacy/wileychi/genmed/clinical.

Jiang, H., Gomez-Manzano, C., Lang, F. F., Alemany, R., Fueyo, J. (2009) Oncolytic adenovirus: preclinical and clinical studies in patients with human malignant gliomas. *Curr Gene Ther.* **9**: 422- 427.

Jordan, I., Enssle, J., Güttler, E., Mauer, B., Rethwilm, A. (1996) Expression of human foamy virus reverse transcriptase involves a spliced pol mRNA. *Virology.* **224**: 314-319.

Jouvenet, N., Neil, S. J., Zhadina, M., Zang, T., Kratovac, Z., Lee, Y., McNatt, M., Hatziioannou, T., Bieniasz, P. D. (2009) Broad-spectrum inhibition of retroviral and filoviral particle release by tetherin. *J Virol.* **83**: 1837-1844.

Karpas, A. (2004) Human retroviruses in leukaemia and AIDS: reflections on their discovery, biology and epidemiology. *Biol Rev.* **79**: 911-933.

Karouzakis, E., Neidhart, M., Gay, R. E., Gay, S. (2006) Molecular and cellular basis of rheumatoid joint destruction. *Immunol Lett.* **106**: 8-13.

Katzourakis, A., Gifford, R. J., Tristem, M., Gilbert, M. T., Pybus, O. G. (2009) Macroevolution of complex retroviruses. *Science* **325**: 1512.

Kay, J. D., Gouze, E., Oligino, T. J., Gouze, J. N., Watson, R. S., Levings, P. P., Bush, M. L., Dacanay, A., Nickerson, D. M., Robbins, P. D., Evans, C. H., Ghivizzani, S. C. (2009) Intra-articular gene delivery and expression of interleukin-1Ra mediated by self-complementary adeno-associated virus. *J Gene Med.* **11**: 605-614.

Khan, A. S., Kumar, D. (2006) Simian foamy virus infection by whole-blood transfer in rhesus macaques: potential for transfusion transmission in humans. *Transfusion.* **46**: 1352-1359.

Khuri, F. R., Nemunaitis, J., Ganly, I., Arseneau, J., Tannock, I. F., Romel, L., Gore, M., Ironside, J., MacDougall, R. H., Heise, C., Randlev, B., Gillenwater, A. M., Bruso, P., Kaye, S. B., Hong, W. K., Kirn, D. H. (2000) A controlled trial of intratumoral ONYX-015, a selectively-replicating adenovirus, in combination with cisplatin and 5-fluorouracil in patients with recurrent head and neck cancer. *Nat Med.* **6**: 879-85.

Kidd, A. H., Chroboczek, J., Cusack, S., Ruigrok, R. W. (1993) Adenovirus type 40 virions contain two distinct fibers. *Virology* **192**: 73-84.

Kiem, H. P., Allen, J., Trobridge, G., Olson, E., Keyser, K., Peterson, L., Russell, D. W. (2007) Foamy-virus-mediated gene transfer to canine repopulating cells. *Blood.* **109**: 65-70.

Kistner, A., Gossen, M., Zimmermann, F., Jerecic, J., Ullmer, C., Lübbert, H., Bujard, H. (1996) Doxycycline-mediated quantitative and tissue-specific control of gene expression in transgenic mice. *Proc Natl Acad Sci U S A.* **93:** 10933-10938.

Knaän-Shanzer, S., van de Watering, M. J., van der Velde, I., Gonçalves, M. A., Valerio, D., de Vries, A. A. (2005) Endowing human adenovirus serotype 5 vectors with fiber domains of species B greatly enhances gene transfer into human mesenchymal stem cells. *Stem Cells.* **23:** 1598-1607.

Kochanek, S., Clemens, P. R., Mitani, K., Chen, H. H., Chan, S., Caskey, C. T. (1996) A new adenoviral vector: Replacement of all viral coding sequences with 28 kb of DNA independently expressing both full-length dystrophin and beta-galactosidase. *Proc Natl Acad Sci.* **93:** 5731-5736.

Kreppel, F., Luther, T. T., Semkova, I., Schraermeyer, U., Kochanek, S. (2002) Long-term transgene expression in the RPE after gene transfer with a high-capacity adenoviral vector. *Invest Ophthalmol Vis Sci.* **43:** 1965-1970.

Kubo, S., Mitani, K. (2003) A new hybrid system capable of efficient lentiviral vector production and stable gene transfer mediated by a single helper-dependent adenoviral vector. *J Virol.* **77:** 2964-2971.

Lefèvre, S., Knedla, A., Tennie, C., Kampmann, A., Wunrau, C., Dinser, R., Korb, A., Schnäker, E. M., Tarner, I. H., Robbins, P. D., Evans, C. H., Stürz, H., Steinmeyer, J., Gay, S., Schölmerich, J., Pap, T., Müller-Ladner, U., Neumann, E. (2009) Synovial fibroblasts spread rheumatoid arthritis to unaffected joints. *Nat Med.* **15:** 1414-1420.

Lehmann-Che, J., Giron, M. L., Delelis, O., Löchelt, M., Bittoun, P., Tobaly-Tapiero, J., de Thé, H., Saïb, A. (2005) Protease-dependent uncoating of a complex retrovirus. *J Virol.* **79:** 9244-9253.

Lichtenstein, D. L., Wold, W. S. M. (2004) Experimental infections of humans with wild-type adenoviruses and with replication-competent adenovirus vectors: replication, safety, and transmission. *Cancer Gene Ther.* **11:** 819-829.

Lin, C. H., Sheu, S. Y., Lee, H. M., Ho, Y. S., Lee, W. S., Ko, W.C., Sheu, J. R. (2000) Involvement of protein kinase C-gamma in IL-1beta-induced cyclooxygenase-2 expression in human pulmonary epithelial cells. *Mol Pharmacol.* **57:** 36-43.

Linial, M. (2007) Foamy viruses. in: Knipe, D. M. and Howley, P. M. (eds.) *Fields Virology, 5th edition.* Lippincott Williams and Wilkins, Philadelphia, 2245-2262.

Liu, Q., Muruve, D. A. (2003) Molecular basis of the inflammatory response to adenovirus vectors. *Gene Ther.* **10:** 935-940.

Liu, W., Worobey, M., Li, Y., Keele, B. F., Bibollet-Ruche, F., Guo, Y., Goepfert, P. A., Santiago, M. L., Ndjango, J. B., et al. (2008) Molecular ecology and natural history of simian foamy virus infection in wild-living chimpanzees. *PLoS Pathog.* **4:** e1000097.

Lo, Y. T., Tian, T., Nadeau, P. E., Park, J., Mergia, A. (2010) The foamy virus genome remains unintegrated in the nuclei of G1/S phase-arrested cells, and integrase is critical for preintegration complex transport into the nucleus. *J Virol.* **84**: 2832-2842.

Löchelt, M. (2003) Foamy Virus Transactivation and Gene Expression. in: Rethwilm, A. (ed.) *Foamy Viruses.* Springer-Verlag, Berlin, 27-62.

Lusky, M., Christ, M., Rittner, K., Dieterle, A., Dreyer, D., Mourot, B., Schultz, H., Stoeckel, F., Pavirani, A., Mehtali, M. (1998) In vitro and in vivo biology of recombinant adenovirus vectors with E1, E1/E2A, or E1/E4 deleted. *J Virol.* **72**: 2022-2032.

Luttmann, W., Bratke, K., Küpper, M., Myrtek, D. (2006) *Der Experimentator: Immunologie.* 2. Auflage, Spektrum Akademischer Verlag Gustav Fischer.

Mahy, B. W. J., van Regenmortel, M. H. V. (2010) *Desk Encyclopedia of Human and Medical Virology.* Academic Press, 3-12.

Martin, M. U., Wesche, H. (2002) Summary and comparison of the signaling mechanisms of the Toll/interleukin-1 receptor family. *Biochim Biophys Acta.* **1592**: 265-280.

Maurer, B., Bannert, H., Darai, G., Flügel, R. M. (1988) Analysis of the primary structure of the long terminal repeat and the gag and pol genes of the human spumaretrovirus. *J Virol.* **62**: 1590-1597.

Meiering, C. D., Linial, M. L. (2001) Historical perspective of foamy virus epidemiology and infection. *Clin Microbiol Rev.* **14**: 165-176.

Miagkov, A. V., Varley, A. W., Munford, R. S., Makarov, S. S. (2002) Endogenous regulation of a therapeutic transgene restores homeostasis in arthritic joints. *J Clin Invest.* **109**: 1223-1229.

Mizushima, S., Nagata, S. (1990) pEF-BOS, a powerful mammalian expression vector. *Nucleic Acids Res.* **18**: 5322.

Mocarski, E. S., Tan Courcelle, C. (2001) Cytomegaloviruses and their replication. in: Knipe, D.M and Howley, P. M. (eds.) *Fields Virology, 4th edition.* Lippincott Williams and Wilkins, Philadelphia. **76**: 2629-2673.

Modrow, S., Falke, D., Truyen, U. (2003) *Molekulare Virologie.* 2. Auflage, Spektrum Akademischer Verlag Gustav Fischer.

Moebes, A., Enssle, J., Bieniasz, P. D., Heinkelein, M., Lindemann, D., Bock, M., McClure, M. O., Rethwilm, A. (1997) Human foamy virus reverse transcription that occurs late in the viral replication cycle. *J Virol.* **71**: 7305-7311.

Moritz, F., Distler, O., Gay, G. E., Gay, S. (2006) Molecular and cellular basis of joint destruction in rheumatoid arthritis. *Dtsch Med Wochenschr.* **131**: 1546-1551.

Morozov, V. A., Leendertz, F. H., Junglen, S., Boesch, C., Pauli, G., Ellerbrok, H. (2009) Frequent foamy virus infection in free-living chimpanzees of the Taï National Park (Côte d'Ivoire). *J Gen Virol.* **90**: 500-506.

Morral, N., O'Neal, W. K., Rice, K., Leland, M. M., Piedra, P. A., Aguilar-Córdova, E., Carey, K. D., Beaudet, A. L., Langston, C. (2002) Lethal toxicity, severe endothelial injury, and a threshold effect with high doses of an adenoviral vector in baboons. *Hum Gene Ther.* **13:** 143-154.

Mülhardt, C. (2003) *Der Experimentator: Molekularbiologie / Genomics.* 4. Auflage, Spektrum Akademischer Verlag Gustav Fischer.

Müller-Ladner, U., Pap, T., Gay, R. E., Neidhart, M., Gay, S. (2005) Mechanisms of disease: the molecular and cellular basis of joint destruction in rheumatoid arthritis. *Nat Clin Pract Rheumatol.* **1:** 102-110.

Murray, S. M., Linial, M. L. (2006) Foamy virus infection in primates. *J Med Primatol.* **35:** 225-235.

Müther, N., Noske, N., Ehrhardt, A. (2009) Viral hybrid vectors for somatic integration – are they the better solution? *Viruses* **1:** 1295-1324.

Nashan, D., Luger, T. A. (1999) Interleukin 1, Teil1: Grundlagen und Pathophysiologie. *Hautarzt.* **50:** 680-688.

Nayak S., Herzog, R. W. (2010) Progress and prospects: immune responses to viral vectors. *Gene Ther.* **17:** 295-304.

Nowrouzi, A., Dittrich, M., Klanke, C., Heinkelein, M., Rammling, M., Dandekar, T., von Kalle, C., Rethwilm, A. (2006) Genome-wide mapping of foamy virus vector integrations into a human cell line. *J Gen Virol.* **87:** 1339-1347.

Nowrouzi, A., Glimm, H., Von Kalle, C., Schmidt, M. (2011) Retroviral Vectors: Post Entry Events and Genomic Alterations. *Viruses* **3:** 429-455.

Oligino, T., Ghivizzani, S., Wolfe, D., Lechman, E., Krisky, D., Mi, Z., Evans, C. H., Robbins, P. D., Glorioso, J. (1999) Intra-articular delivery of a herpes simplex virus IL-1Ra gene vector reduces inflammation in a rabbit model of arthritis. *Gene Ther.* **6:** 1713-1720.

Oliver, J. E., Silman, A. J. (2006) Risk factors for the development of rheumatoid arthritis. *Scand J Rheumatol.* **35:** 169-174.

Otani, K., Nita, I., Macaulay, W., Georgescu, H. I., Robbins, P. D., Evans, C. H. (1996) Suppression of antigen-induced arthritis in rabbits by ex vivo gene therapy. *J Immunol.* **156:** 3558-3562.

Pagès, J. C., Bru, T. (2004) Toolbox for retrovectorologists. *J Gen Med.* **6:** 67-82.
Pan, R., Chen, S., Xiao, X., Liu, D., Peng, H., Tsao, Y. (2000) Therapy and prevention of arthritis by recombinant adeno-associated virus vector with delivery of interleukin-1 receptor antagonist. *Arthritis Rheum.* **43:** 289-297.

Patton, G. S., Erlwein, O., McClure, M. O. (2004) Cell-cycle dependence of foamy virus vectors. *J Gen Virol.* **85:** 2925-2930.

Peng, Z. (2005) Current status of gendicine in China: recombinant human Ad-p53 agent for treatment of cancers. *Hum Gene Ther.* **16:** 1016-1027.

Perkovic, M., Schmidt, S., Marino, D., Russell, R. A., Stauch, B., Hofmann, H., Kopietz, F., Kloke, B. P., Zielonka, J., Ströver, H., Hermle, J., Lindemann, D., Pathak, V. K., Schneider, G., Löchelt, M., Cichutek, K., Münk, C. (2009) Species-specific inhibition of APOBEC3C by the prototype foamy virus protein bet. *J Biol Chem.* **284:** 5819-5826.

Peters, K., Wiktorowicz, T., Heinkelein, M., Rethwilm, A. (2005) RNA and protein requirements for incorporation of the Pol protein into foamy virus particles. *J Virol.* **79:** 7005-7013.

Picard-Maureau, M., Jarmy, G., Berg, A., Rethwilm, A., Lindemann, D. (2003) Foamy virus envelope glycoprotein-mediated entry involves a pH-dependent fusion process. *J Virol.* **77:** 4722-4730.

Picard-Maureau, M., Kreppel, F., Lindemann, D., Juretzek, T., Herchenröder, O., Rethwilm, A., Kochanek, S., Heinkelein, M. (2004) Foamy virus-adenovirus hybrid vectors. *Gene Ther.* **11:** 722-728.

Pietschmann, T., Heinkelein, M., Heldmann, M., Zentgraf, H., Rethwilm, A., Lindemann, D. (1999) Foamy virus capsids require the cognate envelope protein for particle export. *J Virol.* **73:** 2613-2621.

Porteus, M. H., Connelly, J. P., Pruett, S. M. (2006) A look to future directions in gene therapy research for monogenic diseases. *PLoS Genet.* **2:** 1285-1292.

Raper, S. E., Yudkoff, M., Chirmule, N., Gao, G. P., Nunes, F., Haskal, Z. J., Furth, E. E., Propert, K. J., Robinson, M. B., Magosin, S., Simoes, H., Speicher, L., Hughes, J., Tazelaar, J., Wivel, N. A., Wilson, J. M., Batshaw, M. L. (2002) A pilot study of in vivo liver-directed gene transfer with an adenoviral vector in partial ornithine transcarbamylase deficiency. *Hum Gene Ther.* **13:** 163-175.

Rethwilm, A. (2005) Foamy viruses. in: Mahy, B. W. J., ter Meulen, V. (eds.) *Topley and Wilson's Microbiology and Microbial Infections, 10th edition.* Hodder Arnold, London, **59:** 1304-1321.

Rethwilm, A. (2007) Foamy virus vectors: an awaited alternative to gammaretro- and lentiviral vectors. *Curr Gene Ther.* **7:** 261-271.

Rethwilm, A. (2010) Molecular biology of foamy viruses. *Med Microbiol Immunol.* **199:** 197-207.

Robbins, P. D., Evans, C. H., Chernajovsky, Y. (2003) Gene therapy for arthritis. *Gene Ther.* **10:** 902-911.

Robbins, P. D., Ghivizzani, S. C. (1998) Viral vectors for gene therapy. *Pharmacol Ther.* **80:** 35-47.

Roelvink, P.W., Lizonova, A., Lee, J. G., Li, Y., Bergelson, J. M., Finberg, R. W., Brough, D. E., Kovesdi, I., Wickham, T. J. (1998) The coxsackievirus-adenovirus receptor protein can function as a cellular attachment protein for adenovirus serotypes from subgroups A, C, D, E, and F. *J Virol.* **72:** 7909-7915.

Roessler, B. J., Hartman, J. W., Vallance, D. K., Latta, J. M., Janich, S. L., Davidson, B. L. (1995) Inhibition of interleukin-1-induced effects in synoviocytes transduced with the human IL-1 receptor antagonist cDNA using an adenoviral vector. *Hum Gene Ther.* **6:** 307-316.

Romen, F., Backes, P., Materniak, M., Sting, R., Vahlenkamp, T. W., Riebe, R., Pawlita, M., Kuzmak, J., Löchelt, M. (2007) Serological detection systems for identification of cows shedding bovine foamy virus via milk. *Virology.* **364:** 123-131.

Rothenaigner, I., Kramer, S., Meggendorfer, M., Rethwilm, A., Brack-Werner, R. (2009) Transduction of human neural progenitor cells with foamy virus vectors for differentiation-dependent gene expression. *Gene Ther.* **16:** 349-358.

Rowe, W. P., Hübner, R. J., Gilmore, L. K. (1953) Isolation of a cytopathogenic agent from human adenoids undergoing spontaneous degeneration in tissue culture. *Proc Soc Exp Biol Med.* **84:** 570-573.

Roy, J., Rudolph, W., Juretzek, T., Gärtner, K., Bock, M., Herchenröder, O., Lindemann, D., Heinkelein, M., Rethwilm, A. (2003) Feline foamy virus genome and replication strategy. *J Virol.* **77:** 11324-11331.

Russell, D. W., Miller, A. D. (1996) Foamy virus vectors. *J Virol.* **70:** 217-222.

Russell, R. A., Wiegand, H. L., Moore, M. D., Schäfer, A., McClure, M. O., Cullen, B. R. (2005) Foamy virus Bet proteins function as novel inhibitors of the APOBEC3 family of innate antiretroviral defense factors. *J Virol.* **79:** 8724-8731.

Rustigian, R., Johnston, P., Reihart, H. (1955) Infection of monkey kidney tissue cultures with virus-like agents. *Proc Soc Exp Biol Med.* **88:** 8-16.

San Martin, C., Burnett, R. M. (2004) Structural Studies on Adenoviruses in: Doerfer, W., Boehm, P. (eds.) *Adenoviruses: Model and Vectors in Virus-Host Interactions.* Springer: Berlin, 57-94.

Sapadin, A. N., Fleischmajer, R. (2006) Tetracyclines: nonantibiotic properties and their clinical implications. *J Am Acad Dermatol.* **54:** 258-265.

Schiedner, G., Hertel, S., Johnston, M., Biermann, V., Dries, V., Kochanek, S. (2002) Variables affecting in vivo performance of high-capacity adenovirus vectors. *J Virol.* **76:** 1600-1609.

Schmidt, M., Rethwilm, A. (1995) Replicating foamy virus-based vectors directing high level expression of foreign genes. *Virology.* **210:** 167-178.

Schweizer, M., Turek, R., Hahn, H., Schliephake, A., Netzer, K. O., Eder, G., Reinhardt, M., Rethwilm, A., Neumann-Haefelin, D. (1995) Markers of foamy virus infections in monkeys, apes, and accidentally infected humans: appropriate testing fails to confirm suspected foamy virus prevalence in humans. *AIDS Res Hum Retroviruses.* **11:** 161-170.

Sharma, A., Tandon, M., Bangari, D. S., Mittal, S. K. (2009) Adenoviral vector-based strategies for cancer therapy. *Curr Drug ther.* **4:** 117-138.

Shayakhmetov, D. M., Carlson, C. A., Stecher, H., Li, Q., Stamatoyannopoulos, G., Lieber, A. (2002) A high-capacity, capsid-modified hybrid adenovirus/adeno-associated virus vector for stable transduction of human hematopoietic cells. *J Virol.* **76:** 1135-1143.

Shenk, T. E. (2001) Adenoviridae: The viruses and their replication. in: Knipe, D.M and Howley, P. M. (eds.) *Fields Virology, 4th edition.* Lippincott Williams and Wilkins, Philadelphia. **67:** 2265-2300.

Simmons, D. L., Botting, R. M., Hla, T. (2004) Cyclooxygenase isozymes: the biology of prostaglandin synthesis and inhibition. *Pharmacol Rev.* **56:** 387-437.

Simonsen, J. L., Rosada, C., Serakinci, N., Justesen, J., Stenderup, K., Rattan, S. I., Jensen T. G., Kassem, M. (2002) Telomerase expression extends the proliferative life-span and maintains the osteogenic potential of human bone marrow stromal cells. *Nat Biotechnol.* **20:** 592-596.

Soifer, H., Higo, C., Kazazian, H. H. Jr., Moran, J. V., Mitani, K., Kasahara, N. (2001) Stable integration of transgenes delivered by a retrotransposon-adenovirus hybrid vector.
Hum Gene Ther. **12:** 1417-1128.

Soifer, H., Higo, C., Logg, C. R., Jih, L. J., Shichinohe, T., Harboe-Schmidt, E., Mitani, K., Kasahara, N. (2002) A novel, helper-dependent, adenovirus-retrovirus hybrid vector: stable transduction by a two-stage mechanism. *Mol Ther.* **5:** 599-608.
Steinert, A. F., Nöth, U., Tuan, R. S. (2008) Concepts in gene therapy for cartilage repair. *Injury.* **39:** 97-113.

Switzer, W. M., Salemi, M., Shanmugam, V., Gao, F., Cong, M. E., Kuiken, C., Bhullar, V., Beer, B. E., Vallet, D., Gautier-Hion, A., Tooze, Z., Villinger, F., Holmes, E. C., Heneine, W. (2005) Ancient co-speciation of simian foamy viruses and primates. *Nature* **434:** 376-380.

Tanaka, J., Sadanari, H., Sato, H., Fukuda, S. (1991) Sodium butyrate-inducible replication of human cytomegalovirus in a human epithelial cell line. *Virology.* **185:** 271-280.

Thomas, C. E., Birkett, D., Anozie, I., Castro, M. G., Lowenstein, P. R. (2001) Acute direct adenoviral vector cytotoxicity and chronic, but not acute, inflammatory responses correlate with decreased vector-mediated transgene expression in the brain. *Mol Ther.* **3:** 36-46.

Thomas, C. E., Ehrhardt, A., Kay, M. A. (2003) Progress and problems with the use of viral vectors for gene therapy. *Nat Rev Genet.* **4:** 346-358.

Tobaly-Tapiero, J., Kupiec, J. J., Santillana-Hayat, M., Canivet, M., Peries, J., Emanoil-Ravier, R. (1991) Further characterization of the gapped DNA intermediates of human spumavirus: evidence for a dual initiation of plus-strand DNA synthesis. *J Gen Virol.* **72:** 605-608.

Toh, M. L., Hong, S. S., van de Loo, F., Franqueville, L., Lindholm, L., van den Berg, W., Boulanger, P., Miossec, P. (2005) Enhancement of adenovirus-mediated gene delivery to rheumatoid arthritis synoviocytes and synovium by fiber modifications: role of arginine-glycine-aspartic acid (RGD)- and non-RGD-binding integrins. *J Immunol.* **175:** 7687-7698.

Toietta, G., Mane, V. P., Norona, W. S., Finegold, M. J., Ng, P., McDonagh, A. F., Beaudet, A. L., Lee, B. (2005) Lifelong elimination of hyperbilirubinemia in the Gunn rat with a single injection of helper-dependent adenoviral vector. *Proc Natl Acad Sci.* **102**: 3930-3935.

Tollefson, A. E., Scaria, A., Hermiston, T. W., Ryerse, J. S., Wold, L. J., Wold, W. S. (1996) The adenovirus death protein (E3-11.6K) is required at very late stages of infection for efficient cell lysis and release of adenovirus from infected cells. *J Virol.* **70**: 2296-2306.

Toth, K., Kuppuswamy, M., Shashkova, E. V., Spencer, J. F., Wold, W. S. (2010) A fully replication-competent adenovirus vector with enhanced oncolytic properties. *Cancer Gene Ther.* **17**: 761-770.

Trobridge, G. D. (2009) Foamy virus vectors for gene transfer. *Expert Opin Biol Ther.* **11**: 1427-1436.

Trobridge, G., Josephson, N., Vassilopoulos, G., Mac, J., Russell, D. W. (2002) Improved foamy virus vectors with minimal viral sequences. *Mol Ther.* **6**: 321-328.

Trobridge, G. D., Miller, D. G., Jacobs, M. A., Allen, J. M., Kiem, H. P., Kaul, R., Russell, D. W. (2006) Foamy virus vector integration sites in normal human cells. *Proc Natl Acad Sci U S A.* **103**: 1498-1503.

Trobridge, G., Russell, D. W. (2004) Cell cycle requirements for transduction by foamy virus vectors compared to those of oncovirus and lentivirus vectors. *J Virol.* **78**: 2327-2335.

van de Loo, F. A., de Hooge, A. S., Smeets, R. L., Bakker, A. C., Bennink, M. B., Arntz, O. J., Joosten, L. A., van Beuningen, H. M., van der Kraan, P. K., Varley, A.W., van den Berg, W. B. (2004) An inflammation-inducible adenoviral expression system for local treatment of the arthritic joint. *Gene Ther.* **11**: 581-590.

Vandesompele, J., De Preter, K., Pattyn, F., Poppe, B., Van Roy, N., De Paepe, A., Speleman, F. (2002) Accurate normalization of real-time quantitative RT-PCR data by geometric averaging of multiple internal control genes. *Genome Biol.* **3**: 0034.1- 0034.11.

Vassilopoulos, G., Rethwilm, A. (2008) The usefulness of a perfect parasite. *Gene Ther.* **15**: 1299-1301.

Vassilopoulos, G., Trobridge, G., Josephson, N. C., Russell, D. W. (2001) Gene transfer into murine hematopoietic stem cells with helper-free foamy virus vectors. *Blood.* **98**: 604-609.

Verma, I. M., Weitzman, M. D. (2005) Gene therapy: twenty-first century medicine. *Annu Rev Biochem.* **74**: 711-738.

Volpers, C., Kochanek, S. (2004) Adenoviral vectors for gene transfer and therapy. *J Gene Med.* **6**: S164-S171.

Wang, H., Lieber, A. (2006) A helper-dependent capsid-modified adenovirus vector expressing adeno-associated virus rep78 mediates site-specific integration of a 27-kilobase transgene cassette. *J Virol.* **23**: 11699-11709.

Wehling, M. (2005) *Klinische Pharmakologie.* Georg-Thieme-Verlag, Stuttgart, 174-186.

Wehling, P., Reinecke, J., Baltzer, A. W., Granrath, M., Schulitz, K. P., Schultz, C., Krauspe, R., Whiteside, T. W., Elder, E., Ghivizzani, S. C., Robbins, P. D., Evans, C. H. (2009) Clinical responses to gene therapy in joints of two subjects with rheumatoid arthritis. *Hum Gene Ther.* **20:** 97-101.

Wiktorowicz, T., Peters, K., Armbruster, N., Steinert, A. F., Rethwilm, A. (2009) Generation of an improved foamy virus vector by dissection of cis-acting sequences. *J Gen Virol.* **90:** 481-487.

Wolfe, N. D., Switzer, W. M., Carr, J. K., Bhullar, V. B., Shanmugam, V., Tamoufe, U., Prosser, A. T., Torimiro, J. N., Wright, A., Mpoudi-Ngole, E., McCutchan, F. E., Birx, D. L., Folks, T. M., Burke, D. S., Heneine, W. (2004) Naturally acquired simian retrovirus infections in central African hunters. *Lancet.* **363:** 932-937.

Xia, Z. J., Chang, J. H., Zhang, L., Jiang, W. Q., Guan, Z. Z., Liu, J. W., Zhang, Y., Hu, X. H., Wu, G. H., Wang, H. Q., Chen, Z. C., Chen, J. C. Q., Zhou, H., Lu, J. W., Fan, Q. X., Huang, J. J., Zheng, X. (2004) Phase III randomized clinical trial of intratumoral injection of E1B gene-deleted adenovirus (H101) combined with cisplatin-based chemotherapy in treating squamous cell cancer of head and neck or esophagus. *Ai Zheng.* **23:** 1666-1670.

Yang, Y., Nunes, F. A., Berencsi, K., Furth, E. E., Goenczoel, E., Wilson, J. M. (1994) Cellular immunity to viral antigens limits E1-deleted adenoviruses for gene therapy. *Proc Natl Acad Sci.* **91:** 4407-4411.

Yap, M. W., Lindemann, D., Stanke, N., Reh, J., Westphal, D., Hanenberg, H., Ohkura, S., Stoye, J. P. (2008) Restriction of foamy viruses by primate Trim5alpha. *J Virol.* **82:** 5429-5439.

Yu, H., Li, T., Qiao, W., Chen, Q., Geng, Y. (2007) Guanine tetrad and palindromic sequence play critical roles in the RNA dimerization of bovine foamy virus. *Arch Virol.* **152:** 2159-2167.

Yu, S. F., Sullivan, M. D., Linial, M. L. (1999) Evidence that the human foamy virus genome is DNA. *J Virol.* **73:** 1565-1572.

7. Anhang

7.1 Zusammenfassung

Die rheumatoide Arthritis (RA) ist eine chronische, progressive und systemische Autoimmunerkrankung, in deren Zentrum das dauerhaft entzündete Synovialgewebe der Gelenke steht. Aufgrund vielfältiger Knochen- und Knorpel-destruierender Prozesse kommt es zu irreversiblen Funktionalitätsverlusten der betroffenen Gelenke. Eine tragende Rolle bei der Ausprägung der klinischen Manifestationen wird dabei der exzessiven Synthese des proinflammatorischen Cytokins IL-1 zugesprochen. Dessen Aktivität kann durch kompetitive Blockade des IL-1 Rezeptors Typ I mit dem natürlich vorkommenden, antiinflammatorischen IL-1 Rezeptorantagonisten (IL-1Ra) inhibiert werden. Der Cytokin-blockierende Therapieansatz mit Anakinra, einem rekombinant hergestellten IL-1Ra, konnte die pharmakologischen Behandlungsmöglichkeiten der RA seit 2001 wesentlich erweitern. Gleichwohl erfordern die geringen Halbwertszeiten von IL-1Ra regelmäßige subkutane Injektionen, um hinreichende therapeutische Wirkstoffspiegel im Patienten aufrecht zu erhalten. Vor diesem Hintergrund bieten somatische Gentherapiekonzepte eine vielversprechende Alternative zu den konventionellen Behandlungsstrategien bei der RA-Therapie. Ein IL-1Ra-Gentransfer ins Gelenk soll die persistierende, lokale, endogene Synthese des therapeutischen IL-1Ra-Proteins ermöglichen und lässt in dieser Hinsicht eine nachhaltige Verbesserung der klinischen Symptomatik erwarten. In dieser Arbeit wurden dafür gentherapeutische Foamyvirus-Adenovirus-Hybridvektoren (FAD) zur Expression des IL-1Ra entwickelt und die Funktionalität der Konstrukte evaluiert. Die Vektoren sollten die effizienten adenoviralen Transduktionsmechanismen mit dem Potential der foamyviralen somatischen Integration für einen direkten *in vivo* Gentransfer kombinieren. Das System besteht aus einem adenoviralen Hochkapazitätsvektor vom Serotyp 5, der eine selbstinaktivierende PFV-Vektorkassette unter Kontrolle des Reversen Tetracyclin Transaktivator Systems (Tet-On) enthält. In FAD-transduzierten Zellen wurde die funktionelle Induzierbarkeit der PFV-Vektorexpression nachgewiesen und die Kinetik der PFV-Partikelfreisetzung charakterisiert. Nach Induktion der PFV-Vektorkassette konnte in FAD-transduzierten Zellen ein langfristig-stabiler IL-1Ra-Gentransfer gezeigt werden. Ferner konnten protektive Effekte eines FAD-vermittelten IL-1Ra-Gentransfers im Zellkulturmodell nachgewiesen werden. Tierexperimentelle Untersuchungen zeigten eine erfolgreiche Transduktion von Synovialzellen nach intraartikulärer Applikation von FAD- Vektoren. Das Tetracyclin-regulierbare Hybridvektorsystem zur Expression des IL-1Ra, das in der vorliegenden Arbeit geschaffen wurde, könnte zukünftig die Basis für ein effektives Werkzeug zum intraartikulären Gentransfer in der klinischen Praxis bieten.

7.2 **Summary**

Rheumatoid arthritis (RA) is a chronic, progressive and systemic autoimmune disease, characterized by invasive synovial hyperplasia. Several inflammatory cartilage- and bone-destroying processes lead to an irreversible loss of joint functionality. The excessive synthesis of the pro-inflammatory cytokine IL-1 has been implicated as a primary mediator of pathology in RA. The activity of IL-1 is initiated upon binding to the IL-1 receptor type I and can be inhibited by the naturally occurring anti-inflammatory IL-1 receptor antagonist (IL1-Ra) protein. The cytokine-blocking therapeutic approach with anakinra, a recombinant form of IL-1Ra, has significantly improved the pharmacological treatment of RA since 2001. Nevertheless, due to the short half-life of IL-1Ra, repeated subcutaneous injections are required to maintain therapeutic concentrations in the patient. Thus, somatic gene therapy may offer a promising alternative to conventional therapeutic strategies for treating RA. Following gene delivery of IL-1Ra, it may be expected that a sustained improvement of clinical symptoms is achievable due to the endogenous cellular synthesis and local secretion of the therapeutic IL-1Ra protein. In this work, foamy virus-adenovirus hybrid vectors (FAD) were developed for the expression of IL-1Ra and the functionality of the constructs was evaluated. The hybrids combine the high transduction efficiency of adenovirus vectors with the integrative potential provided by prototype foamy virus (PFV) vectors, for direct *in vivo* gene transfer. In the system, a complete expression cassette for self-inactivating PFV vectors, which is under the control of the tetracycline-dependent regulatory system (Tet-On), was inserted into the backbone of a serotype 5-based high-capacity adenoviral vector. In FAD-transduced cells, the induction of the PFV vector cassette was demonstrated and the release of secondary infectious PFV vectors was characterized. After the induction of the PFV vector cassette in FAD-transduced cells, a stable long-term IL1-Ra expression was shown. Furthermore, the anti-inflammatory potential of the FAD-mediated IL-1Ra gene transfer was successfully evaluated in a cell culture model. Animal studies indicated successful transduction of cells in the synovium after intra-articular application of FAD-vectors. The tetracycline-inducible hybrid vector system for the expression of IL-1Ra, which was created in the present work, may provide the future basis for an effective tool for intra-articular gene transfer in clinical settings.

7.3 Abbildungsverzeichnis

Abb. 1 PFV-cytopathischer Effekt und extrazelluläre Partikel 6

Abb. 2 Morphologie des FV-Virions 8

Abb. 3 FV-Genomorganisation und Prozessierung der viralen
Proteine Gag, Pol und Env 10

Abb. 4 Schematischer Überblick des foamyviralen Replikationszyklus 12

Abb. 5 Schematische Darstellung eines foamyviralen SIN-Vektors 14

Abb. 6 Aufbau eines Adenovirus mit seinen wichtigsten Strukturmerkmalen 16

Abb. 7 Genomische Organisation von Ad5 und
verschiedenen Ad5-abgeleiteten Vektoren 22

Abb. 8 RA-Patient mit typischer Handdeformation 25

Abb. 9 Schematischer Überblick über die Signaltransduktion vom IL-1RI-
Komplex zu NF-κB und proinflammatorische Effekte von IL-1 bei der RA 26

Abb. 10 Möglichkeiten einer lokalen, intraartikulären IL-1Ra-Gentherapie 28

Abb. 11 Transduktionszyklus von therapeutischen FAD-Vektoren 32

Abb. 12 Schematische Darstellung der Abläufe bei der Overlap-Extension-PCR 56

Abb. 13 Schematische Genomkarte der FAD-Vektoren 82

Abb. 14 Verpackung von replikationsdefekten FAD-Vektoren in 293-cre66-Zellen 83

Abb. 15 Klonierungsstrategie zur Erstellung der Vektorplasmide FAD-9 – FAD-13 85

Abb. 16 Charakterisierung der Transgenexpressionskassetten 87

Abb. 17 Genexpression der rIL-1Ra-exprimierenden
FAD-Vektoren FAD-10 und FAD12 90

Abb. 18 Genexpression der hIL-1Ra-exprimierenden
FAD-Vektoren FAD-11 und FAD13 91

Abb. 19 Funktionalitätsanalyse der Tetracyclin-regulierten
FAD-Konstrukte FAD-2 und FAD-11 93

Abb. 20 Funktionalitätsanalyse der infektiösen FAD-Vektoren FAD-9 bis FAD-13 96

Abb. 21 Langzeit eGFP- bzw. hIL-1Ra-Expression nach
Doxycyclin-vermittelter Induktion der PFV-Vektorexpression 98

Abb. 22 Kinetik der intrazellulären Vektorgenome nach relativer Quantifizierung 99

Abb. 23 Langzeitkinetik der PFV-Vektorpartikelfreisetzung nach Transduktion
der Zelllinie A549 und Synovialzellen der Ratte mit FAD-2 101

Abb. 24 Langzeitkinetik der PFV-Vektorpartikelfreisetzung nach Transduktion
der Zelllinie A549 und Synovialzellen der Ratte mit FAD-11 103

Abb. 25 qRT-PCR Fluoreszenzkurven und Standardkurve der PFV-Standard-DNA 105

Abb. 26 Absolute Quantifizierung der freigesetzten PFV-Vektoren aus
FAD-11 transduzierten A549 Zellen unter Doxycyclinbehandlung 106

Abb. 27 Relative Genexpressionen des IL-1 Rezeptors Typ I in humanen Zelllinien 107

Abb. 28 Quantitative Analyse der Genexpression von
IL-1β, IL-6 und IL-8 in A549 Zellen nach IL-1β-Stimulation 109

Abb. 29 Inhibition des proinflammatorischen IL-1β durch hIL-1Ra bei A549 Zellen 111

Abb. 30 Biologische Wirksamkeit des Vektorsystems FAD-11
nach Primärtransduktion *in vitro* 113

Abb. 31 Biologische Wirksamkeit des Vektorsystems FAD-11
nach Sekundärtransduktion *in vitro* 114

Abb. 32 Einfluss von IL-1β auf die Aktivität des SFFV-U3-Promotors 116

Abb. 33 Einfluss von IL-1β auf die Aktivität des SFFV-U3-Promotors, qRT-PCR 117

Abb. 34 Transduktionspotential der FAD-Vektoren für verschiedene Zellen
und relative mRNA-Expression des humanen CAR 119

Abb. 35 Relative Genexpression des CAR in Geweben der Ratte 120

Abb. 36 FluoreszenzmikroskopischerNachweis
eGFP$^+$-Synovialzellen nach FAD-2 Applikation 122

Abb. 37 hIL-1Ra Messwerte aus konditionierten Überständen nach
intraartikulärer Applikation von FAD-11 in Wistar-Ratten (1×10^8 iu) 124

7.4 Tabellenverzeichnis

Tab. 1 Eigenschaften viraler Vektoren für die somatische Gentherapie.................................3

Tab. 2 Klassifikation der *Retroviridae*...5

Tab. 3 Übersicht über die amplifizierten hIL-1Ra-Fragmenten
in der Overlap-Extension-PCR..58

Tab. 4 Mittlere relative IL-1Ra Expressionswerte nach
A549-Primärtransduktionen und HT1080-Sekundärtransduktionen........................96

Tab. 5 Relative Genexpressionswerte von IL-1β, IL-6 und IL-8
in A549 Zellen nach IL-1β-Stimulation...109

Tab. 6 Inhibition des proinflammatorischen IL-1β durch hIL-1Ra bei A549 Zellen.........111

Tab. 7 hIL-1Ra aus konditionierten Überständen nach
intraartikulärer FAD-11 Applikation in Wistar-Ratten (1x10^8 iu)..........................124

7.5 Abkürzungsverzeichnis

α	Alpha oder anti
A	Adenosin oder Ampere
Abb.	Abbildung
ACTB	Beta-Aktin
Ad	Adenovirus
AdV	adenoviraler Vektor
β	Beta
bp	Basenpaare
BSA	Bovines Serumalbumin
C	Cytidin
°C	Grad Celsius
CAR	Coxsackievirus und Adenovirus Rezeptor
$CCID_{50}$	Cell culture infectious dose 50
cDNA	complementary DNA
CPE	cythopathischer Effekt
Δ	deletiert
DNA	Desoxyribonukleinsäure
dNTP	Desoxynukleosidtriphosphat
Dox	Doxycyclin
dpi	Tage nach der Infektion
ds	double-stranded
ECL	Enhanced chemilumineszenz
E. coli	*Escherichia coli*
EDTA	Ethylendiamintetraessigsäure
eGFP	enhanced green fluorescent protein
ELISA	Enzyme-linked Immunosorbent Assay
env	Envelope (Gen)
et al.	und andere
FAD	Foamyvirus-Adenovirus Hybridvektor
g	Gramm bzw. Erdbeschleunigung
G	Guanosin
gag	Gruppen-spezifisches Antigen (Gen)

GAPDH	Glycerinaldehyd 3-Phosphat-Dehydrogenase
h	human oder Stunde
hIL-1Ra	Interleukin-1 Rezeptorantagonist des Menschen
IL-1	Interleukin-1
IL-1Ra	Interleukin-1 Rezeptorantagonist
IL-1RI	IL-1 Rezeptor Typ I
ITR	inverted terminal repeat
iu	infectious unit
kDa	Kilodalton
l	Liter
LTR	long terminal repeat
LV	Lentivirus
µ	mikro
m	milli
M	molar
MCS	multiple cloning site
min.	Minuten
MOCK	Negativkontrolle
MOI	Multiplicity of infection
mRNA	messenger RNA
n.d.	nicht nachweisbar
ORF	open reading frame
p	Plasmid
PBS	phosphatgepufferte Salzlösung
PCR	Polymerase-Kettenreaktion
PE	Phycoerythrin
PFV	Prototyp Foamy Virus
pol	*pol*-Gen (codiert retrovirale Enzyme)
qRT-PCR	Quantitative Real-Time PCR
r	Ratte
rIL-1Ra	Interleukin-1 Rezeptorantagonist der Ratte
RNA	Ribonukleinsäure
rpm	rounds per minute

RT	reverse Transkriptase bzw. Raumtemperatur
rtTA	reverser Transaktivator des Tet-On-Systems
SDS-PAGE	Natriumdodecylsulfat-Polyacrylamidgelelektrophorese
sec.	Sekunde
SFFV	Spleen Focus-Forming Virus
SIN	selbstinaktivierend
T	Thymidin
Tab.	Tabelle
TAE	Tris-Acetat-EDTA-Puffer
Taq	*Thermus aquaticus*
Template	Matrize
Tet	Tetracyclin
TetR	Tet-Repressorprotein
TRE	tetracycline response element
Tris	Tris(hydroxymethyl)aminomethan
U	units
u.a.	unter anderem
U/min	Umdrehungen pro Minute
ÜN	über Nacht
ÜNK	Übernachtkultur
UV	Ultraviolett
V	Volt
vortexen	gründlich mischen
z.B.	zum Beispiel
⊕	positiv
∅	negativ
∞	unendlich
™	trademark (Warenzeichen)
©	copyright (Urheberrecht)
®	registered (gesetzlich geschützt)
~	entspricht
<	kleiner als
<<	viel kleiner als

>	größer als
>>	viel größer als
±	Mittelwert mit Standardabweichung

7.6 Nachwort und Danksagung

Der Inhalt des vorliegenden Buches ist im Rahmen meiner Doktorarbeit am Institut für Virologie und Immunbiologie (VIM) der Uniklinik Würzburg in Kooperation mit der orthopädischen Klinik König-Ludwig-Haus in Würzburg im Zeitraum von 2007 bis 2011 entstanden. In dieser Hinsicht gilt meinem Doktorvater Prof. A. Rethwilm mein ganz besonderer Dank. Dieser Dank gilt gleichermaßen Herrn Prof. J. Kreft für seine Bereitschaft zur Begutachtung meiner Doktorarbeit. Da Danksagungen immer auch Herzensangelegenheiten sind, möchte ich es nicht versäumen den nachfolgenden Personen, die alle Ihren Anteil am Gelingen meiner Promotion hatten, meinen Dank auszusprechen. Ich möchte Dr. André Steinert, Dr. Carsten Scheller, Prof. S. Kochanek, PD Dr. F. Kreppel und der Sektion Gentherapie Ulm, insbesondere Dr. Tanja Lucas, danken. Weiterhin danken möchte ich Anne Horn, Bianca Klüpfel, Carmen Schäfer, Christa Kasang, Prof. Eleni Koutsilieri, Ingeborg Euler-König, Jennifer Krieg, Dr. Kathrin Plochmann, Lena Dietz, Manuela Kunz, Dr. Nicole Armbruster, Dr. Tatiana Wiktorowicz sowie Dr. Daniel Matthes, Dr. Falko Meisner und Ingolf Karl. Danken möchte ich auch Herrn Dr. Sanal Madhusudana Girija und Herrn Avishek Singh, die mir während meines Forschungsaufenthaltes 2008 in Indien eine unvergessliche Zeit ermöglicht haben und denen ich mich zeitlebens freundschaftlich verbunden fühle. Zudem möchte ich dem Südwestdeutschen Verlag für Hochschulschriften und seiner Autorenbetreuerin Frau Kerstin Schmidt danken, von denen die Idee zu dieser Buchveröffentlichung stammte und die mir damit die Erfüllung eines sehr alten Traums ermöglichten. Schließlich möchte ich meinen Eltern von ganzem Herzen danken, die trotz zahlreicher Unwegsamkeiten niemals den Glauben an mich verloren haben und mich auf meinem Weg immer bedingungslos unterstützt haben. Mein allergrößter Dank gilt jedoch meiner Lebensgefährtin Anika, die mir durch ihre unerschütterliche Liebe in jeder Lebenssituation Mut und Selbstsicherheit verleiht. Durch sie gibt es immer einen Menschen, der an mich und meine Fähigkeiten glaubt und mir immer wieder die wirklich wichtigen Dinge im Leben bewusst macht!

Obwohl ich mich in der jetzigen Phase meines Lebens nur noch bedingt mit molekularbiologischer Forschung beschäftige, bin ich an Rückmeldungen, Kommentaren und Anregungen zum Inhalt dieses Buches stets interessiert und dankbar für jeden Hinweis!

Dr. Conrad Weber, Bensheim-Auerbach im Juni 2012

Anhang

Teile dieser Veröffentlichung wurden auf der 8. Internationalen Foamyviruskonferenz in Nafplio, Griechenland, im Jahr 2010 präsentiert. Weitere Publikationen wurden eingereicht.

i want morebooks!

Buy your books fast and straightforward online - at one of world's fastest growing online book stores! Environmentally sound due to Print-on-Demand technologies.

Buy your books online at
www.get-morebooks.com

Kaufen Sie Ihre Bücher schnell und unkompliziert online – auf einer der am schnellsten wachsenden Buchhandelsplattformen weltweit! Dank Print-On-Demand umwelt- und ressourcenschonend produziert.

Bücher schneller online kaufen
www.morebooks.de

VDM Verlagsservicegesellschaft mbH
Heinrich-Böcking-Str. 6-8
D - 66121 Saarbrücken

Telefon: +49 681 3720 174
Telefax: +49 681 3720 1749

info@vdm-vsg.de
www.vdm-vsg.de

Printed by Books on Demand GmbH, Norderstedt / Germany